零基础

愤怒情绪
管理笔记

[日]安藤俊介 著

于航 译

中国科学技术出版社

·北 京·

北京市版权局著作权合同登记图字：01-2022-1634

图书在版编目（CIP）数据

零基础愤怒情绪管理笔记 /（日）安藤俊介著；于航译 . —北京：中国科学技术出版社，2022.5

ISBN 978-7-5046-9570-3

Ⅰ.①零… Ⅱ.①安… ②于… Ⅲ.①愤怒—自我控制—通俗读物 Ⅳ.① B842.6-49

中国版本图书馆 CIP 数据核字（2022）第 070763 号

策划编辑	申永刚　王　浩	责任编辑	杜凡如
封面设计	马筱琨	版式设计	锋尚设计
责任校对	吕传新	责任印制	李晓霖

出　　版	中国科学技术出版社
发　　行	中国科学技术出版社有限公司发行部
地　　址	北京市海淀区中关村南大街 16 号
邮　　编	100081
发行电话	010-62173865
传　　真	010-62173081
网　　址	http://www.cspbooks.com.cn

开　　本	880mm×1230mm　1/32
字　　数	131 千字
印　　张	6
版　　次	2022 年 5 月第 1 版
印　　次	2022 年 5 月第 1 次印刷
印　　刷	北京盛通印刷股份有限公司
书　　号	ISBN 978-7-5046-9570-3/B·91
定　　价	49.00 元

从了解什么是愤怒入手

　　你们在发火、怒吼或是与人发生口角，又或是跟对方恶语相向之后，是否经常会后悔不已："怎么又发火了？"让双方日积月累而来的信任毁于一旦，相信诸如此类的事情对于我们任何人而言都不是什么开心的事。迄今为止，已经有累计100万人参加了我们的愤怒情绪管理讲座，他们中的大部分人都是带着"面对自己的怒火，真的应该做点什么了"的目的来听讲座的。让我们好好思考一下，之所以会后悔，只是因为我们在不该发火的时候发火那么简单吗？如果不发火的话，事情是否会朝着理想的方向发展，我们的未来是否也会因此而变得更加美好呢？

　　我觉得事情不会那么简单。发火的原因，往往是出于对现状的不满。比如"上司说了一些令人难以接受的话""男朋友没能守约""家里人对自己的不理解"，等等，都是一些即便无法用言语表述清楚，也不得不说的事情。此类情况下，即便我们不发火，事情也不会发生丝毫转变。不仅如此，如果我们不发火，对方反而会觉得"反正这个家伙无论怎样都不会发火"，就会更加得寸进尺。正是因为我们的怒火，才使得事情不至于发展至此。从这个意义上来讲，我们非但不应因为自己发火而后悔，反而应该感到庆幸才对。

其实，我们应该后悔的事情是"被愤怒冲昏了头脑"。

⊙ 说了伤害对方感情的话。

⊙ 无视对方的处境和立场，从而破坏彼此之间的信任。

⊙ 即便是面对一些细枝末节的琐事，也非常情绪化。

⊙ 使用了暴力。将怒火发泄到物品上。

上述行为都是人们"被愤怒冲昏了头脑"的例子。因此，当我们余怒未消时最好不要采取任何行动，如此一来，我们就可以防患于未然，将因发火而导致的失误化解于无形之中了。

或许你会没有自信，认为自己根本做不到。但请不要灰心，愤怒情绪管理可以以合理的方法来助你解决这个难题。愤怒情绪管理起源于美国。在美国，就连有些尚未入学的孩子也会学习并实践愤怒情绪管理。其实我自己也跟大家一样，在没有接触愤怒情绪管理之前，总感觉控制自己的愤怒情绪是一件非常困难的事情。我听过一些诸如"事先告诉自己一定不要发火""要善于发现别人的优点"等从精神层面解决问题的方法后，也会觉得"从此就不必再为这种事烦恼了"。但我认为，上述方法依然无法跟愤怒情绪管理相提并论，因为愤怒情绪管理不仅在理论方面较为完备合理，而且还具备一定的趣味性，简直让人欲罢不能。原本我跟父亲的关系不是很好，但学会如何管理自己的情绪之后，我跟父亲的关系也得到了明显的改善。

掌握了愤怒情绪管理技巧后，我们人际关系的改善将不仅局限于家庭内部，与朋友、同事之间的相处也会轻松许多。因为我们再也不会因为一些鸡毛蒜皮的小事而大动肝火，同时也能用更加巧妙的方式去表达自己的不满。即便对方发火，我们也能够以较为理智的方式去应对。如此一来，我们的人生也会变得更加轻松、惬意。就让我们从"何为愤怒"这一问题入手吧。随着对愤怒的了解逐渐深入，我们就会发现，原来愤怒也是可以成为我们的伙伴的。

日本愤怒情绪管理协会理事长

安藤俊介

其实也可以与愤怒化敌为友

在人们的印象当中，虽然愤怒是一种消极的情绪，但是如果我们能够对其巧妙利用的话，愤怒也可以在改善人际关系及走向成功的道路上助我们一臂之力。

愤怒情绪管理将让我们不再为自己的愤怒而后悔不迭，可愤怒情绪管理究竟是什么呢？

愤怒情绪管理是20世纪70年代由美国人提出来的一种关于如何驾驭愤怒情绪的心理训练疗法，其主要目标就是掌握了愤怒情绪管理的技巧后，人们将不再为自己的愤怒感到后悔不迭。

不控制愤怒的后果
因发火而导致争吵

不知道当你发脾气责怪对方之后，是否会自责："我怎么会说出那样的话？"但是被愤怒所左右，非但无法准确地表达出自己的想法，反而会惹得对方大为光火。重要的人际关系也有可能在这一瞬间化为乌有……

管理好愤怒情绪之后

有些时候愤怒有助于我们更好地表达自己的情感

愤怒的背后一定会隐藏着某种其他情感，
而且通过愤怒的方式来表达这种心情比较简单易行。

案例 ②　　之前

不控制愤怒的后果
愤怒让自己筋疲力尽

大发雷霆或是强忍怒气都会给我们带来很大的精神压力，从而导致我们的积极性下降，有时甚至还会危及心理健康。持续的愤怒还会演变成为愤恨，进而向对方进行打击报复。

管理好愤怒情绪之后
愤怒让我们的行动得以付诸实践

愤怒可以转化成为行动的原动力。更加努力是对对方的蔑视的最好回答。同时愤怒也可以转化成为向对方表达自己不满情绪的勇气与动力。

与愤怒化敌为友的导航图

第1章到第3章我们介绍的是一些基础知识，而第4章到第8章则是一些实践性的内容。随着我们对愤怒的认识越来越深刻，实践自然也就水到渠成了。

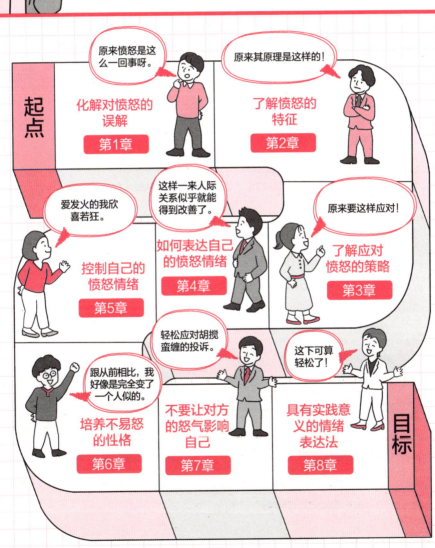

目　录

第 3 章
应该以何种态度面对愤怒?

第 4 章
良好的情感表达是构建良好人际关系的基础

第 7 章
不要被对方的怒火所左右

第 8 章
如何在不同场景下表达自己的情绪?

对愤怒的7种误解

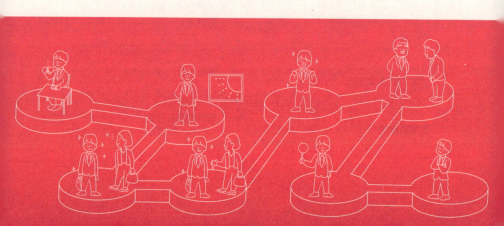

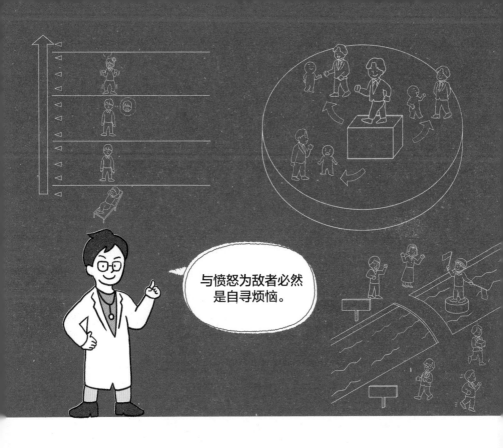

与愤怒为敌者必然是自寻烦恼。

有的人无法与愤怒化敌为友，从而导致失败，完全是因为他们对愤怒缺乏了解。只要我们化解了对愤怒的误解，曾经令人生厌的愤怒情绪就会变得容易让人接受了。我们在加深对愤怒的了解时，一定不要带有先入为主的思维。

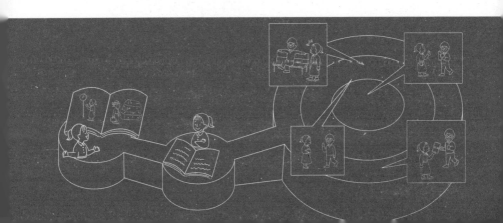

01 愤怒情绪真的一无是处吗？

愤怒虽然是失败的原因之一，但愤怒情绪绝非一无是处。

人在勃然大怒时，就会说出让自己与对方关系一落千丈的话，相信每个人都有过类似的经历吧。过后，我们常常懊恼不已："要是当时不发那么大的火就好了。"其实愤怒情绪并非一无是处。恰恰相反，如果失去了愤怒的情感，我们将难以生存下去。<u>愤怒是包括人类在内的所有动物所必需的情感</u>。此处我们以熊为例。当有敌人出现在自己的领地上时，

动物的愤怒

战斗 或 逃跑

滚出我的领地！

抱歉……

➡ 情绪高涨，从而使自己变得更加强大

熊就会感受到来自敌人的危险并开始发怒。此刻它心跳加速，呼吸变得短促有力，以便向全身的肌肉输送氧气，从而使肌肉变得更加有力，快速进入临战状态。就这样，它做好了或战或逃的准备。我们称其为"战斗或逃跑反应"。人类在发怒时，也会出现类似的反应。当自己或身边的人身陷困境之时，我们就会积极应对，但同时也做好了力不从心时能够随时逃离的准备。当然，人类社会的结构是十分复杂的，我们不可能过度放任自己的愤怒，但愤怒的确能给我们带来益处。

愤怒也有益处

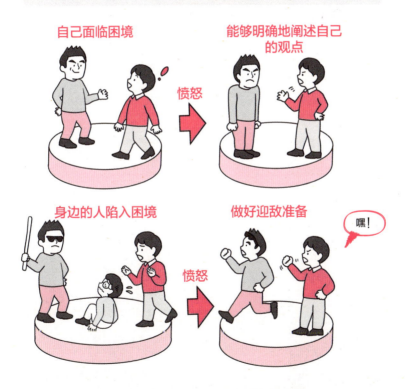

➡ 因愤怒而使得行动变得更加积极

02 愤怒带来的一定会是失败吗？

愤怒之所以会导致失败，是因为你已经沦为了愤怒的俘虏。如果能让愤怒站在我们这边，那么它带来的绝不会是失败。

　　让愤怒冲昏头脑，口无遮拦，想说什么就说什么，这样做无疑会使自己的人际关系毁于一旦。肆无忌惮的愤怒，同样也会给我们带来其他损失。但其实愤怒本身与失败之间并没有直接的联系，我们之所以会在生气后后悔不已，那是因为我们的愤怒当时已经到了肆无忌惮的程度。对比其他类型的情感，愤怒属于高能量情感。当胸中的怒火刚刚燃起之时，我们

失败是因为过度克制

失败的例子①
突然间情绪失控

失败的例子②
过度压抑的愤怒致使健康出现问题

都怪那个家伙！

强烈的胃痛

还可以控制，但一旦情绪压抑到一定程度，发展成滔天怒焰之时，之前的隐忍就会一并爆发出来，从而致使我们采取一些不计后果的行动。与此相反，如果愤怒的情绪压抑过久，就会扰乱我们的心绪，使我们惶惶不可终日，甚至会危及我们的身体健康。如果想要避免因发火而导致的失败，最好的办法不是压抑我们胸中的怒火，更不是无视我们的愤怒，而要与其化敌为友，这一点至关重要。通过不断加深对"为什么会产生愤怒的情绪""愤怒都具有哪些特征"等问题的了解，愤怒就会渐渐变成我们的朋友。只有让愤怒化敌为友，才能深入了解隐藏在自己内心深处的情绪与想法，才会知道自己应该采取什么样的行动来让愤怒助我们走向成功。

不要过度克制，要化敌为友

✕ 一味克制会使健康出现问题

〇 化敌为友才有可能走向成功

幸好我这样做了。

是啊！

03

愤怒是一种不应该有的情感吗？

虽说从小就有人教育我们"愤怒是一种不好的情感"，但我们还是不应对愤怒持否定的态度，而应该考虑如何对其进行合理利用。

　　人们普遍认为愤怒是一种禁忌，正因为如此，愤怒情绪管理所提出的与愤怒化敌为友的思维就显得有些与众不同。在我们的成长历程当中，无论是在学校，还是在家里，经常有人教导我们"不能总是发火""发火是不成熟的表现"。因此，我们才会逐渐形成"遇事不与人起争执、与人和平相处才是美德"的思维。的确，每天暴跳如雷，肯定会

受到"愤怒是不好的"教育的影响

不要发火。

对小孩发脾气是不成熟的表现。

学校　　　　　家庭

➡ 不知不觉中"不能发火"的想法已经在我们的头脑中生根发芽

让其他人敬而远之。但其实愤怒和欢喜悲伤等情感一样，是我们与生俱来的、最为自然的情感之一。其实，恰恰"发火是不好的""愤怒是万万要不得的"等看法才是对愤怒的误解。愤怒是一种不可或缺的情感。我们要勇于正视愤怒，更需要对愤怒所带来的得失做出正确的判断。当我们冷静下来以后，如果能够理智地分析愤怒给自己或是对方所带来的得失的话，相信我们因为发火而后悔的次数也一定会逐渐减少的。乍一看这的确非常不易。愤怒情绪管理其实就是针对"减少因发火而后悔的次数"的一种训练。如果能够学会其中"控制自己的愤怒（第5章）"及"高超的表达技巧（第4章）"，我们就会明白，原来愤怒也有积极的一面。

正视愤怒的第一步

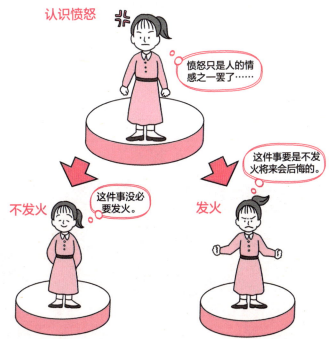

认识愤怒

愤怒只是人的情感之一罢了……

不发火 — 这件事没必要发火。

发火 — 这件事要是不发火将来会后悔的。

➡ 能够正视愤怒的话，就能够做出不让自己后悔的选择

04

愤怒的原因是"他人或是令人不快的事情"吗?

无论是"人物"还是"事件"只不过是愤怒的对象而已,我们发怒的真正原因其实在于我们自身。

请你回忆一下你最近一次发怒时的情形。你的怒火究竟从何而来呢?此刻你脑海中浮现出来的,恐怕是某人的表情或是某件令人光火的事情吧?但实际上真正的原因并不是这些,而在于你自己。我们每个人的内心深处,都有一个底线,清楚地知道自己"什么事该做,什么事不该做",这就是我们"严格恪守的价值观"。如果一旦有人触碰了我们这

发火的原因其实就在我们自己身上

发火的原因并非"某人"或"某事",
而是我们自己"严格恪守的价值观"。

道"底线"，我们就会怒不可遏。例如，有的人对别人弄坏了自己的东西能够毫不在意，却对仅仅迟到片刻的行为采取零容忍的态度。这说明这个人对于"借的东西必须原样奉还"这一价值观毫无概念，而对"约好的时间必须严格遵守"这一价值观十分重视，因此才会原谅弄坏自己东西的人，反而对仅仅迟到5分钟的人大发雷霆。有些人则恰恰相反，他们会对弄坏自己物品的人发火，但是会原谅不守时的人。这也就是说，即便是同一件事，有的人会大为光火，而有的人会选择原谅对方。换言之，是否发火完全取决于当事人自身，而并非"某人"或是"某事"惹得他们发火。如果能够意识到这一点的话，那么我们就会发现，原来控制自己的愤怒也并非难事。

愤怒是由"该或不该"衍生而来的

✕ 不是发火的原因

迟到了！

令人生厌的人　　令人不快的事情　　无法再用的物品

⭕ 发火的原因

物品是不能轻易损坏的。

即便是迟到片刻也无法容忍。

不应该那样做。

➡ 是自己心里的"该与不该"滋生出的愤怒

9

05 无法遏止心头的怒火?

愤怒并非一种生理反射，因此遏止愤怒的主动权掌握在我们自己手中。

或许很多人认为"一旦愤怒出现，便会一发而不可收拾"，但实际上愤怒是完全可以遏止的。因为愤怒不同于生理反射，它的过程可以分为若干阶段。比如说当对方抛来一句"这么点事都做不好吗"的时候，这简直在一瞬间就勾起我们心中的怒火。但实际上，当我们听到这句话后，完全有时间去思考这句话的含义。这一思维过程完成之后，便得出

愤怒是存在"延迟"的

了"原来对方是在蔑视自己"的结论,愤怒的情绪就会油然而生。愤怒情绪的生成需要花费一定的时间,这就表明我们完全有机会在发泄愤怒之前将其化解于无形。愤怒情绪管理的最终目标就是逐渐改变我们的意识和行为,从而让自己每天都有一个好心情。这需要花费一段相当长的时间。思考某件事情的含义需要花费一定的时间,能够充分利用这段时间也是一种技巧(第5章),相信读者朋友们读了这一章的内容后,就会收到立竿见影的效果。首先,我们要通过技巧来遏止自己的愤怒,渐渐地,当我们的意识(第6章)和行为(第4章)彻底发生改变后,相信我们也一定会和愤怒化敌为友的。

控制愤怒冲动的机会

事件　　含义　　愤怒

愤怒程度

时间

愤怒的过程可分为若干阶段,其间完全有机会将愤怒化解于无形。

06

发火真的有用吗?

很多人习惯用发火的方式来控制对方,这看似有效,但从长远来看吃亏的却是他自己。

　　虽然易怒往往给人以不好的印象,但试图通过发火的手段来获取利益的却也大有人在。尤其是有很多管理人员,经常试图用发火的手段来对其他人进行操控:"我说什么你照做就对了!"另外,还有人试图以发火的方式来左右家人等极为亲近的人。当他们发火时,亲近的人就会顺着他们,这样一来,他们就误以为是自己的怒火发挥了作用,长此以

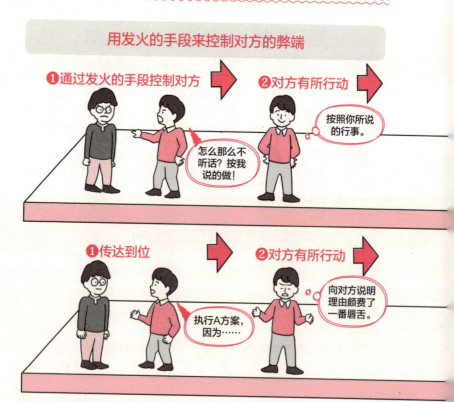

往，就养成了通过发火的手段来控制对方的习惯。但从长远来看，通过发火来控制对方的这种做法后患无穷。"别总是牢骚满腹！""按我说的做！"被呼来吼去的人的行为完全是出于恐惧，而并非发自本心。"如果不按对方说的去做的话，接下来不知道会发生什么事……"如果对方行动的动机仅仅是出于恐惧，这对于培养其判断力毫无益处。下次遇到相同的情况时，依然只有发火才能让他有所行动。与此相反，如果将这样做的原因告诉对方，而不是通过发火来控制对方的话，最初可能会觉得有点麻烦，但时间长了，这样做的优势自然会显现出来，同时还能与对方建立互信互利的良好关系。

从长远来看，通过发火的手段以实现对别人的控制是有害无益的

通过发火的手段以达到控制别人的目的，其本质就是对他人的蔑视。这样做不仅会让对方停滞不前，同时也没有给予对方应有的尊重，严重损害了彼此之间的信任。

❸对方丝毫没有进步 ➡ ❹丧失信任

？

为什么这样做来着？

唠叨起来没完

再次发火

❸对方有所改变 ➡ ❹相互信任

这件事一定要完成。

按照您的指示去做了。

07

绝对不能表露愤怒的情绪吗？

在有些情况下，表露出自己愤怒的情绪还是非常必要的。只要注意言辞，对于情况的改善是有一定帮助的。

　　那些认为愤怒情绪是绝对禁忌的人不会将自己的愤怒情绪表露出来。其实在某些情况下，还是有必要将其表达出来的，因为如果不这样做的话，对方就会更加我行我素。比如对方拜托你将资料整理出来，但出于"这些原本不是我的工作""下班时间到了，根本就不想做"等种种原因，你并不愿意帮这个忙。另外，这样的事情一旦开了头，就会一发

不说出来，事情就不会出现转机

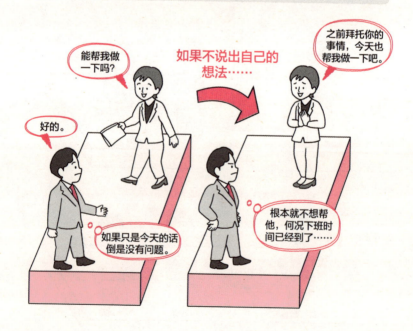

不可收拾，类似的事情一定会接踵而来。但你也不想因此惹得对方记恨自己，就面露难色，笑着推脱说："今天很可能帮不了你这个忙了。"其实这种做法很容易令对方误会。这时对方一定会觉得"或许他不是真的想拒绝我""没准儿再求一求他就能答应我"。在这种没有退路可言的情况下，一定要说出自己的真实想法。当然，在表述时一定要注意自己的措辞。诸如"这是你自己的工作吧？到了下班时间就一股脑推给别人，你觉得这样做合适吗"之类否定他人人格的言辞是万万要不得的。关于如何表达的问题，我们将在第4章当中进行详述。

不恰当的愤怒表达方式

①责备对方

这是你自己的工作吧？到了下班时间就一股脑儿推给别人，你觉得这样做合适吗？

也不用发那么大脾气吧……

②表述得过于暧昧

现在有点别的事情要忙……

那你什么时候有时间？

什么是愤怒情绪管理?

　　愤怒情绪管理起源于20世纪70年代的美国,是一种关于如何管理愤怒情绪(如何与愤怒和睦相处)的心理教育及心理培训课程。

　　一开始愤怒情绪管理是为无法控制自己情绪的罪犯设置的一种感化教育课程。随着时代的变迁,愤怒情绪管理已经普及到了各行各业及社会的各个角落。如今,它被广泛应用于企业员工培训、人际关系辅导及运动员的心理素质训练等领域。在美国,接受愤怒情绪管理训练已经成了家常便饭,甚至就连儿童也不例外。另外还有包括网球选手罗杰·费德勒(Roger

运动员也采用了愤怒情绪管理法。

Federer）在内的很多运动员，也都使用愤怒情绪管理进行心理素质训练，并取得了傲人的成果。

日本愤怒情绪管理协会将愤怒情绪管理定义为"不因自己的愤怒情绪而后悔"。如果因为怒吼伤害他人，或是忍不住对自己的上司以及恋人发火，从而导致互相不信任的话，想要重建信任必将花费大量的时间与精力。另外，其实我们之所以会后悔，不仅仅是因为在不该发火的时候发火，还有可能是因为在该发火的时候没有发火。我们的目标就是在没有必要发火的时候心平气和，同时也不要因为自己惯于沉默而被他人蔑视，能够做到在必要的时候将自己的愤怒以合适的形式表露出来。

最近，有些公司为了提高团队效率，也开始采用愤怒情绪管理法对员工进行培训。职场上少了一些火药味儿，多了些积极的探讨和交流，团队的整休实力自然也就增强了。

宗教与哲学是如何看待愤怒的?

　　愤怒情绪管理最明显的特征就是对愤怒的情感持肯定的态度。愤怒是人的自然情感,是无法抹杀和根除的,因此人有愤怒情绪是正常的。恰恰是将愤怒视为禁忌,从而无止境地压抑自己的愤怒才是有百害而无一益的。所以,只有加深对愤怒的了解,弄清楚愤怒的原理,才有可能跟愤怒和睦相处。

　　愤怒情绪管理诞生之前,人类是如何看待愤怒的呢? 佛教的创始人佛陀认为嗔怒伤人损己,故言"戒嗔"。人之所以会有嗔念,皆是因为过于执着。由于"过去之嗔念"还会滋生出更多的嗔念,故此保持心态平和才不致嗔心横生。另外,

戒嗔戒怒的是佛系①人士。

---

①网络流行语,指无欲无求、不悲不喜、云淡风轻而追求内心平和的生活态度。——编者注

罗马帝国初期的斯多葛学派的哲学家塞内卡（Seneca）对待愤怒的态度虽然不像佛陀那样偏激，却也同样对愤怒持否定的态度。他认为，"愤怒会让人丧失理性，乃至丧失人性"。

当然，古代也有这样一种看法，认为愤怒并不是一无是处，对愤怒持肯定的态度。古希腊哲学家亚里士多德认为，愤怒的情绪当中也包含理性的要素，在满足某种特定的条件的情况下，愤怒也是有用的。亚里士多德的理论在神学家托马斯·阿奎那（Thomas Aquinas）那里得到了进一步发展。阿奎那认为，愤怒在达成某一目标的过程中，起着推波助澜的作用。纵观人类历史，我们可以看出，无论人们对愤怒的看法如何，有一点是不可否认的，那就是人们总是非常重视如何去理解愤怒。

第2章

愤怒从何而来?

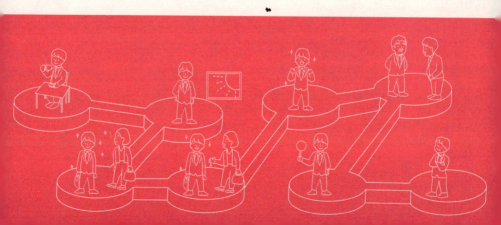

要想与愤怒化敌为友，首先就要弄清楚愤怒的原理及其特征。愤怒是人类重要的情感之一，愤怒发生的原因就在我们自己身上。弄清楚这一点之后，我们改掉易怒的毛病的信心就会大增。在这里，我们会针对"多余的"愤怒的种种弊端进行解析。

01 愤怒是为了守护至关重要的东西

我们要充分认识到愤怒在我们身处困境或险境时能够发挥至关重要的作用，有时甚至可以扭转不利的局面。

愤怒的目的是自我保护，它是一种带有防卫性质的情感。我们在开车的时候，遇到开斗气车及其他危险驾驶行为时，自然就会发怒，这是因为此刻我们已经觉察到自己的人身安全受到了威胁。同样，当我们的心理安全受到威胁时，也会发怒。比如说有人说了伤害我们自尊心的话。当我们为了自己的工作尽心尽力、忙上忙下时，却有人对我们说："就干出这么点儿成绩，这么长时间你都做什么了呀？"，我们一定会为

有可能会让我们发火的原因

信赖关系
我那么信任你，你居然搞婚外恋。

为之奋斗过的事物
这可是下了很大力气才做出来的，你居然还剩下了！

健康
不可能一口气都喝干了！

评价
请不要说别人的坏话。

此而感到愤愤不平。当代社会能够危害我们身心安全的情况简直不胜枚举，比如我们信任的人辜负了我们或是再怎么努力也得不到别人的认可等人际关系方面的危机，再比如不得不加班加到很晚或是在酒桌上被人强行灌酒等健康方面的危机，还有在社交媒体上被人恶语相向的社会方面的危机等，其种类不可胜数。这种时候愤怒就能起到守护自己身心安全的作用。我们可以大声斥责对方"太危险了！你怎么开车的""你们不要自说自话，我也有我的道理"，或者干脆跟辜负自己的人彻底断绝往来，以确保自己的身心安全。愤怒能够起到守护自身安全的作用，是一套行之有效的防卫系统。

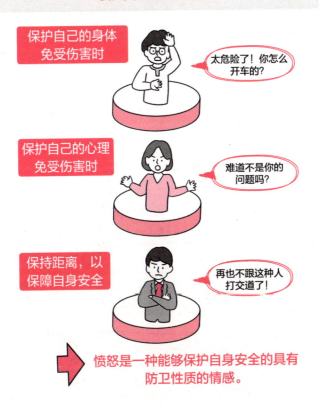

守护自己的身心安全

保护自己的身体
免受伤害时

太危险了！你怎么
开车的？

保护自己的心理
免受伤害时

难道不是你的
问题吗？

保持距离，以
保障自身安全

再也不跟这种人
打交道了！

➡ 愤怒是一种能够保护自身安全的具有
防卫性质的情感。

02 愤怒使得不满的表达变得更加容易

愤怒除了能促使对方让步以外，还有可能激起对方的怒火。

表达自己的不满时需要相当大的勇气。由于性格方面的原因，有些人不太善于陈述自己的意见和想法。即便排除性格方面的因素，跟每日相处的同事说"不"也不是一件容易的事，但遇到违背自己意愿的事，却又不得不说出自己的真实想法。此时愤怒情绪就会给予我们说"不"的力量与勇气。如果能以冷静的态度将自己的愤怒表达出来的话，对方就一定能明白你是认真的了，同时也会在行动上做出相应的调整。另

不发火就无法让对方知道自己的真实感受

她并没有生气。

哎呀，不要这样做嘛。

不够严肃的话对方根本就不当一回事

外，当我们感觉怒意从胸中升起时，愤怒情绪也有助于我们做出决断："这件事一定要做个了断了。"能在包括愤怒等负面情绪在内的事情上互相理解、互相包容，这样的人际关系才是最值得我们珍视的。有些情况下需要我们的愤怒发挥作用，而有些情况下则无须如此，这两种情况要区别对待。如果不将自己的真实想法告诉对方的话，就无法与其建立起真正意义上的良好的人际关系。在人际交往当中，不能把什么话都憋在心里，更不能任其发展到怒不可遏、破口大骂的地步。只有让愤怒发挥其应有的作用，才能建立起良好的人际关系。

发火会让情况有所改观

03

愤怒是行动的原动力

在适当的时候发火，就可以将愤怒转化成为行动的原动力。越是身处困境，其效果就越是明显。

　　愤怒情绪也可以转化成为行动的原动力。愤怒、悲伤、欢喜等情感都属于能量较强的情感，故有此功效。如果对自己的愤怒过于放纵，稍有不慎就会一发不可收拾，但如果能够对自己的愤怒善加利用的话，它也能发挥自我激励的功效。比如2014年诺贝尔物理学奖获得者中村修二教授曾因为研究经费的问题而屡遭刁难，但他却能将自己的愤怒转化

愤怒的能量可以转化成为行动的动力

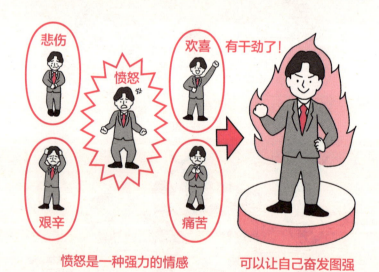

愤怒是一种强力的情感　　　　可以让自己奋发图强

成为研究的原动力，一举开发出了蓝光LED。很多一流的棒球选手也以自己过去的失败激励自己，并因此取得了不俗的成绩。愤怒能够给予身陷困境的人们奋发图强的力量。这一点绝不会仅仅体现在诺贝尔奖获得者等杰出人士身上，我们普通人也可以让自己的愤怒物尽其用。比如说当我们的工作未能达到定额指标时，常会怪上司、怪自己，只顾怨天尤人。但如果下定决心"下次一定做出成绩来"的话，那么愤怒就会转化成为面向未来的正能量。正是愤怒的存在，才会让我们在让人心灰意冷的现实面前，也不至丧失了前进的动力。

方法得当的话就会转化成为正能量

04

严格恪守的价值观才是愤怒的根源

愤怒产生的根本原因是人们严格恪守自己的价值观。弄清楚这一点以后，我们在面对愤怒时就会轻松许多了。

　　此前我们针对人类为什么会产生愤怒这一情感的问题进行了解说。从现在开始，我们要讲一下愤怒的原理。愤怒的原因在于人们严格恪守的价值观。每个人的人生经历不同，其价值观自然也各不相同，诸如"应该提前5分钟到达事先约定的地点""作报告时应该开门见山""上级与下级之间的关系应该如何如何"，等等。小到鞋子的摆放方法，大到应该

愤怒的原因在于彼此的价值观大相径庭

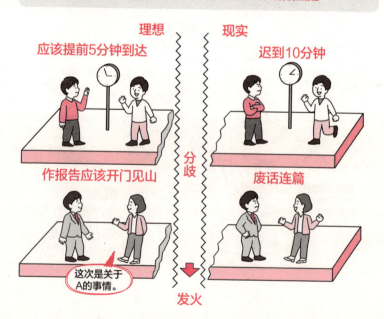

理想　　　　　　现实

应该提前5分钟到达　　　迟到10分钟

作报告应该开门见山　　　废话连篇

这次是关于A的事情。

分歧

发火

如何做人，可谓形形色色。在愤怒情绪管理当中，我们称之为"核心信念"。当我们的核心信念被现实蹂躏得体无完肤的那一刻，便会勃然大怒："事情本应该是这样的！"当然，不同的人其核心信念肯定也是大相径庭。有的人的核心信念或许是"奸诈的人应该遭报应""正直的人应该得到相应的回报"，但有些人的核心信念却并非如此。这样一来，在有些情况下，前者会发怒，而后者却不会发怒。为什么会出现这种情况呢？因为后者的核心信念没有遭到侵害。如上所述，各自的"核心信念"就是人们发火的原因。

严格恪守的价值观=核心信念

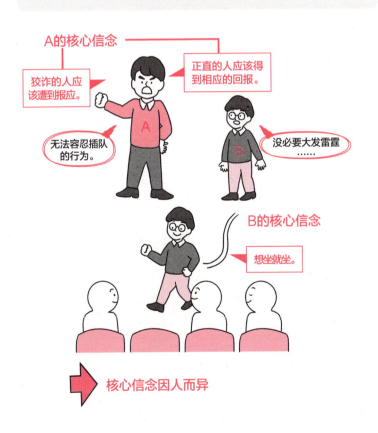

A的核心信念

狡诈的人应该遭到报应。

正直的人应该得到相应的回报。

无法容忍插队的行为。

没必要大发雷霆……

B的核心信念

想坐就坐。

➡ 核心信念因人而异

跟对方的关系越是密切就越容易发火

人们很容易将自己的价值观强加于自己熟悉的人身上。要尊重他人的核心信念。

所谓核心信念，就是"自己的期待及理想"。在"应该如何如何"的思虑背后，还有我们对这个世界的期许。我们的期待及理想最容易寄托的对象，就是我们身边的人。对于自己身边的人，我们常抱有这样的期许："长期相处下来，对方应该能理解自己""一路上同甘共苦，对方对

越是熟悉的人就越容易发火

自己应该多些理解与包容"。正因为过分期许，当对方辜负了自己的期许时，我们的怒火也会燃烧得格外猛烈。当然，不同人的核心信念肯定不可能完全一致。当我们认为"应该如何如何"时，对方的价值观未必会跟我们完全吻合。同样是"不应该迟到"的价值观，或许有人认为只要及时赴约就可以了，或许有人认为一定要提前10分钟到达约定地点才算完美。其实尊重他人的核心信念才是最重要的。不能因为对方是自己熟悉的人就过于任性，一定要尊重对方的价值观，包容对方的核心信念，如此一来，我们就不会那么容易发火了。

尊重他人的价值观

· "应该"与否并非正解

以前就是这样的。

这身打扮好奇怪。

· 即便价值观相近，程度也未必相同

不应该迟到

必须提前10分钟到达。

只要及时赶到就行。

06

设定"容许区间",你将不再因愤怒而后悔

即便有些事情在自己认为"应该"的范围之外,也应该界定一条发火与否的分界线。有了这条分界线,因愤怒而后悔的次数将大为减少。

前面我们已经说过,人们一旦遇到跟自己的核心信念相悖的情况,往往会发火。严格来讲,人的价值观可以分为下图中的几种情况。跟自己的价值观完全吻合的为最佳区间,其外层虽然跟自己的核心信念有所出入,但还可以容忍,也在可以不发火的范围之内。除此以外就是没法不生气的禁区了。比如有这么一个人,认为"比约定的时间提前5分钟到达"才是正确的做法,这是他的"最佳区间"。如果对方没能提前5分钟

除了"应该"以外的两个区间

那样的话应该划入哪个区间呢……

踩着点来让人很不爽

最佳区间
跟自己的价值观相同

最佳区间

容许区间
虽然跟自己的价值观略有出入,但尚在可以容忍的范围之内

容许区间

✕ 禁区

✕ 禁区
无法容忍

到达约定地点，但也没有迟到，他可能并不会发火，因为对方的做法虽然跟自己的核心信念不是完全吻合，但也没有越界，这是他的"容许区间"。可如果对方到了约定时间还没赶到的话，就踏入了他的"禁区"，并触发他的愤怒开关。如果这三个区间的划分足够明确的话，那么自己是否应该发火就有了一个明确的标准。"如果对方踏入禁区的话，为了构筑真正意义上的互信，就必须发火""如果是容许区间的话，就没有必要发火了"，根据上述标准，我们就能很容易判断出究竟是否应该发火。如此一来，就会大大减少因发火而后悔的次数。

"应该"的三重区间的妙处

不必再为是否应该发火而犹豫不决

虽说还应该再早一点，但犯不着发火……

让你久等了。

在必要时发火

这实在让人无法接受，得让她知道……

对不起。

因发火而后悔的次数减少

07 不必要的怒气会使效率降低

虽说愤怒是人与生俱来的情感，但如果过于随心所欲的话将很难在这个社会上生存下去。

　　对愤怒情绪加以合理运用会带来很多好处，但如果管理不善，让自己的怒火肆无忌惮地发泄出来，必然会带来负面影响。人际关系的恶化便是其中之一。比如说某公司的内部订单出现了问题。负责采购的A认为"我没有发出采购订单"，但仓库的负责人B却说"我是按照订单发的货"。这时如果A勃然大怒："你的意思是我在说谎吗？"那么，这场

放任自己的愤怒肆意妄为必然会招致损失

难道不是你听错了吗？！

是你的采购订单发错了吧！

总之不是我的问题。

再也不想跟这种人打交道了。以后再有什么事也不跟这种人商量了。

风波极有可能会以B在工作中出现失误收场。但自从B在A的愤怒之下妥协之后，就觉得A这个人不好打交道，从而导致他与A之间的协作出现问题。其结果就是，无论是公司的生产率，还是A个人的工作效率都大打折扣。除此以外，发火还会导致注意力低下、职场氛围的恶化及当事者本人的口碑不佳等问题的发生。由此引发的种种弊端，就是因为我们生存的社会环境复杂。动物即便是肆无忌惮地发泄自己的愤怒也不会有任何损失，但人类要是这样做就会带来巨大的损失。为了避免类似情况的发生，我们一定要对愤怒有所了解，并掌握愤怒情绪管理的相关技巧。

要有意识地去关注愤怒所带来的损益

■招致损失的愤怒

心绪不宁，工作方面也没有头绪……

这个人真差劲！

无法集中注意力

人际关系出现裂痕

口碑变差

失败了……

心绪不宁……但是……

这个时候发火会有什么好处吗？

权衡利弊之后就不会任自己的怒气为所欲为了

08

生气会危及自身健康

人们如果无法对自己的愤怒善加利用，不加以控制，就会危及自身健康，严重时还有可能发展出自残行为。

我们发火时，其对象并非只有别人，有时也有可能将愤怒的矛头指向我们自己。有时候我们愤怒和焦躁的情绪找不到宣泄的出口，这时愤怒便会涌向我们自己。这样一来，我们就会责备自己："为什么我就不行呢？""为什么这么点儿小事我都做不好呢？"在这种情况下，愤怒就很有可能发展成为自己伤害自己的行为。不知不觉中，我们开始拔自己的头

怒气无从发泄从而引发自残行为

发、啃指甲，出现无意识的自残行为。另外，大家可能还不知道，其实过度地饮酒、吸烟也属于一种自残行为。很多人在接受问卷调查时，针对"转换心情或缓解压力时你会做什么"的问题，都会选择"吸烟"或"饮酒"。人们都知道过量饮酒或大量吸烟会危害我们的健康，可偏偏又这样做，其背后的原因很可能就是被反卷而来的愤怒所吞噬。除此以外，赌瘾、网瘾、购物瘾及滥用止痛药物等行为也很可能是将愤怒的矛头指向自己的缘故。

要注意无意识的自我反噬

因为自己或其他原因而发火

不喝两杯就觉得心烦意乱。

饮酒、吸烟

不沉迷于点什么就总是放不下。

网瘾、赌瘾

焦躁不安、头痛。

不吃药就挺不住了。

滥用止痛药物

愤怒的这5个特性一定要牢记于心

愤怒具有以下5个特性。掌握了愤怒的这5个特性，愤怒情绪管理就变得容易多了。

● **传染性**

如果有人表露出快乐的情绪，周围的气氛也一定会随之变得活跃起来。同样，如果有人表露出愤怒情绪的话，周围其他人的神经也一定会随之绷紧。因为愤怒情绪具有可传染性，我们一定要警惕不要在不知不觉间受他人愤怒情绪的影响。

● **自上而下传导**

愤怒具有由职位高的人向职位低的人、由强势的人向弱势的人传导的特性。其实不光在职场是这样，在家庭内部，愤怒也同样会由强势的一方向弱势的一方、由家长向孩子传导。

● **越是亲密的人程度越高**

面对长期相伴的伙伴，人们通常会比较任性，认定对方较容易控制，所以一旦对方违背了自己的意愿，我们就会变得怒不可遏。

● 对象的不确定性

有时候，我们会将自己的怒火烧向与勾起自己怒火的对象毫无关联的目标。我们可以回忆一下，自己是否曾经有过在网上发泄自己的怒气，或是迁怒于餐馆店员的经历呢？

● 可转化成为动力

被人藐视或是难以做出成绩时，愤怒就会成为我们奋发图强的素材。愤怒并非只裹挟着负能量，其实愤怒也可以变得富有建设性。

必须注意的愤怒的4种倾向

　　虽说愤怒未必就是一个十恶不赦的恶徒，但如果出现下列4种倾向的话就十分危险了。盛怒伤身，千万不要让自己的愤怒失控。如果出现下面的情况就一定要注意了。

● 高强度

　　发火时完全处于失控状态，怒火燃起就决不肯轻易罢休，一旦出现上述情况，我们就要警惕了。在这种情况下，任何试图平抑怒火的努力都是徒劳的。

从没生过这么大的气，简直是怒不可遏！

● 高频度

很多事情都能勾起你的怒气，这会让你觉得非常糟糕。愤怒成了你的习惯，甚至有时还会出现"回忆怒"的情况，即便是过去的事情也会让你愤怒不已。

● 带有攻击性

发火时伴有暴力行为或以言语中伤对方的，我们便视其为带有攻击性。愤怒时暴力行为的对象并不仅仅局限于发火的对象，还有可能会损毁身边的物品。另外，当事人还有可能会出现自残性的攻击行为，包括自责、酗酒或药物上瘾等。

● 带有持续性

这是一种一旦发火，怒火便经久不息的状态。跟人发生争执后，有可能会出现身心状态久久无法复原的情况。情况严重时会长时间记恨某个人，更有甚者还会对其实施报复。

第3章

应该以何种态度面对愤怒?

下文就要进入讲解如何对愤怒善加利用的环节了。愤怒情绪管理对策可分为"沟通的改善""冲动的控制"及"对愤怒的重新认识"三个环节。那么就赶紧行动，从中选出适合自己的对策并善加利用吧。

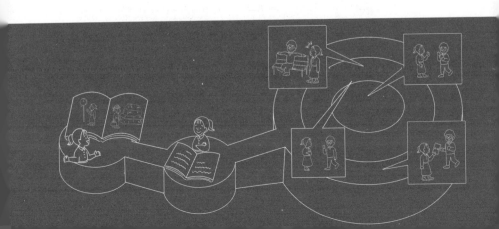

01 向前看才能找到解决问题的方法

如果追究愤怒的原因的话，只会让我们想起过去那些令人不愉快的事情，徒增怒火。只有找出解决问题的方法才是正途。

要想与愤怒化敌为友，每天的生活都变得更理想，有些事情是万万做不得的，那就是去"回溯过去发火的原因"。比如下属总也写不出令人满意的日常工作报告且态度不佳，你因此大为光火。究其原因，或许会发现诸如"那家伙性格就是那么散漫""前任上司没有尽到教育员工的责任""家庭教育的缺失"等问题，但眼前的问题却仍然无法解决。另外，

与其追本溯源倒不如积极寻求解决方案

要追究原因就要回顾过去，在这个过程当中可能会勾起你很多不好的回忆，这无异于给你的愤怒火上浇油。我们要把思维的重心放在"控制自己的怒气及希望事态如何发展"上。比如在这个事例当中，我们要考虑的就是"消除自己的焦躁情绪，如何让部下遵从自己的指示及如何构建和谐的上下级关系"。如果能够顺利转换思维的话，就能发现当前的情况跟理想中有什么不同，所关注的焦点自然也就落在了如何解决问题上面。这种思维方法我们称之为"寻解导向疗法"，是愤怒情绪管理的基础。

回顾过去只会使愤怒升级

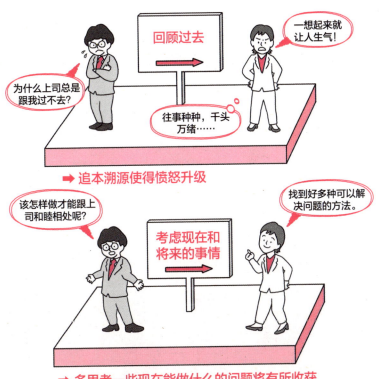

为什么上司总是跟我过不去？

回顾过去

一想起来就让人生气！

往事种种，千头万绪……

➡ 追本溯源使得愤怒升级

该怎样做才能跟上司和睦相处呢？

考虑现在和将来的事情

找到好多种可以解决问题的方法。

➡ 多思考一些现在能做什么的问题将有所收获

试着想象问题得到解决的那一刻的情形

与愤怒化敌为友的方法多种多样。我们首先要考虑的，就是我们自己想要让事情朝哪个方向发展，还有如何才能改变现有的问题。

平时越是喜欢发脾气的人，就越是无法想象自己不发脾气时的样子。但即便是这样的人，对于理想中的自己也并非毫无概念。通过"奇迹日训练"，我们就可以想象出自己能够对自己的愤怒控制自如，与他人进行正常交流时的情形。下面就开始训练，让我们先试着回答一下下面的问题吧。测试时的心情越是轻松，得到的结果就越理想。不要有任

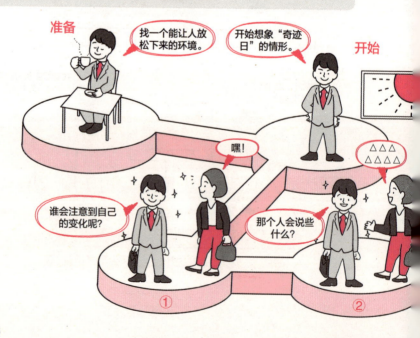

何顾虑，尽量将理想中的自己刻画得具体而饱满。首先，想象一下"奇迹日"早上起来以后会是什么样子吧。①最先注意到你跟以往大不相同的会是谁呢？②那个人会对你说些什么？③听了这些话后你的反应会如何？④当天你会做出哪些不同于以往的举动呢？⑤较之"奇迹日"的表现，假如满分是100分的话，今天（即进行"奇迹日"训练的当日）你给自己打多少分？⑥你最近有过最接近于"奇迹日"的表现吗？那是哪天呢？

"奇迹日"训练高级篇

适应了以后，可以试着回答一下下面的追加问题。
①-2最初发现你跟平常不一样的人，是如何发现的呢？②-2还有其他人发现你的变化了吗？他们又会对你说些什么呢？⑤-2打分的依据是什么？⑥-2当天你跟谁、一起做过什么？那个人又会做何感想？

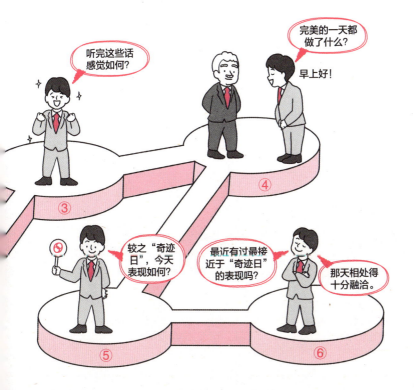

保持沟通顺畅、关系和谐

我们常常会因为在不该发火时发火而后悔不迭。将自己的怨气与不满巧妙地表达出来，也不失为减少此类情况的有效手段。

　　如果能在自己的心目当中描绘出完美的自画像，就能够意识到当前的自己跟心目中完美的自画像存在怎样的差距以及应该如何改善。说到这里，有些读者朋友可能会意识到"此前自己表达愤怒的方式有欠妥当"或是"自己表达情绪的方式有待改进"，那么你们就可能需要重新评估自己的沟通方式了。经常暴跳如雷的人，他们总是放任自己的愤怒，或是

两种选择

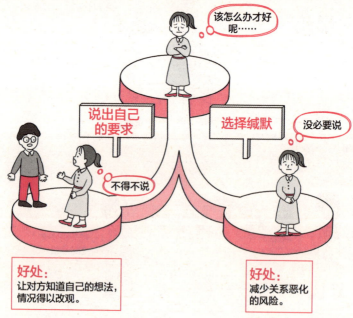

将发火的原因归咎于他人。这样一来若对方不堪其苦，转而恶语相向的话，就会引起争端。当想要表达我们的愤怒与不满时，首先要明确地将"我现在的心情如何"及"希望对方如何应对"这两条线索传达给对方。另外，如果情况不允许的话，也可以选择放弃表达自己的愤怒及不满，以便与对方建立良好的沟通渠道。为了避免"事后一想，当时的确没有必要发火""我要是发火的话，对方肯定也不会让步"等情况的发生，所以在表达自己不满情绪时，一定要把握好尺度。想要切实改善自己沟通技巧的读者朋友可以重点参看第4章的内容。

善于表达自己想法的人的3大特征

❶有明确的标准

清楚地知道自己什么时候该发火，也让对方知道你的底线究竟在哪里。如此一来，对方就不会做出令你讨厌的事了。

以前的事就不追究了，但这次我是不会妥协的。

虽然忍不住要发火，但还是算了吧。

❷对自己的情绪操控自如

带着情绪与对方进行沟通的话，对方一定能感受到你的不满。关键时刻一定要控制住自己的情绪。

虽说如此，但是……

嗯、嗯。

❸有时要左耳进右耳出

自己要是表露出不满情绪的话，就很有可能会让对方也感到不快。不要当场发作，对对方的话不置可否，双方的对话很快就会切换到下一个话题。

04 交流时要表达到位，避免使用刺激性语言

与对方进行交流时，要对自己的情绪有一个正确的认识，内容也要表达清楚。

我们可能经常会遇到这种情况，"每每产生不满情绪，总是会以跟对方发生口角而告终""原本打算好话好说，但说着说着情绪就激动起来了"。这是在会话的过程中缺少必要的铺垫的缘故。每当我们感到愤怒或不满时，总是会将诸如"真让人受不了""糟糕透了"等单调的话挂在嘴边，如此单调的表达自然无法将你的情绪准确地传递给对方。假如在你

交流过程中语言的铺垫很重要

铺垫性语言过少　　　　　　　　铺垫性语言较多

❌

你怎么就不明白呢？

真是笨蛋！

对方的不理解也让自己感到压力巨大

⭕

太突然了，一时不知该如何是好。

怎么说你都不明白，太让我失望了！

原来是这样啊！

交流顺畅会让自己感到轻松

口中"因被自己信任的人辜负所感受到的强烈的愤怒"与"因与他人擦肩而过时的身体接触而产生的不快"都同样只是一句"真让人受不了"的话，就说明你没能将自己的愤怒及不满情绪进行有效归类，这样非常容易将自己的愤怒诉诸暴力。将我们的情绪进行准确地归类，并准确地传达给对方后，我们自己也会倍感轻松。如果能够准确地表达自己的情绪，我们就会意外地发现，对方对我们的理解与体谅竟远超乎我们的想象。但有一点一定要注意，我们在表达自己的情绪时不要过于强硬，也不要使用刺激性的语言。诸如"你总是如何如何""绝对如何如何"等毫无事实根据的主观臆断，很容易招致对方的反感。交流时不要过多言及关于对方的事，要以表述自己的观点为主。

05 等待6秒，让理性发挥作用

如果能了解愤怒导致冲动产生的过程，就可以有效预防突发性行为带来的损失。

要想控制自己的冲动情绪，就要了解冲动产生的原理。从发火到恢复理性，其间有6秒。我们之所以会因为自己发火而后悔不迭，就是在理性尚未恢复的6秒里说了一些冲动的话或是做了一些冲动的事。相反，如果我们能够忍耐6秒的话，就可以有效减少因为自己的冲动而带来的损失。我们将在第5章中介绍的"控制冲动的技巧"就是以此为理论依

理性恢复机能需要6秒的时间

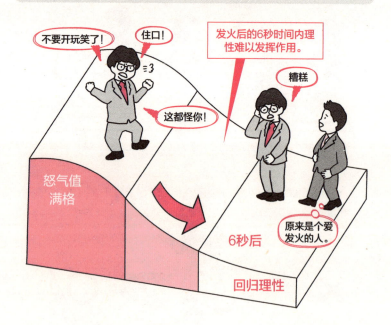

不要开玩笑了！　住口！

这都怪你！

发火后的6秒时间内理性难以发挥作用。

糟糕

怒气值满格

6秒后

原来是个爱发火的人。

回归理性

据的。例如，要是对方说了什么无礼的话，我们一定会立刻怒上心头。我们要在反击之前使用该技巧，因为话一旦出口就再也收不回来了。相关技巧多种多样，我们要事先选择自己用起来得心应手的，以备不时之需。掌握了相关技巧，就可以有效克制自己的冲动情绪，等到6秒以后恢复理性后再做计较了。控制冲动的技巧相对来说比较容易掌握，在反复练习的过程中，就能够逐渐从客观的角度去看待自己的冲动，因冲动而后悔不已的情形也会大幅减少。

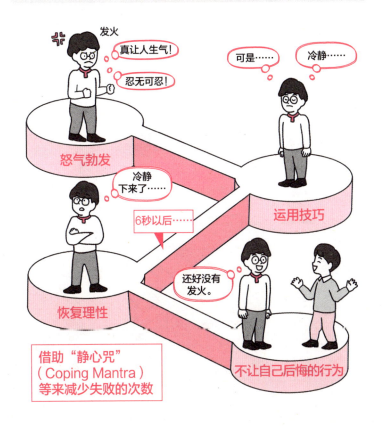

使用技巧忍耐6秒

发火
真让人生气！
忍无可忍！
可是……
冷静……
怒气勃发
冷静下来了……
6秒以后……
运用技巧
还好没有发火。
恢复理性
不让自己后悔的行为
借助"静心咒"（Coping Mantra）等来减少失败的次数

06 掌握应对愤怒行为的方法

要想减少冲动行事的次数，就要控制自己的冲动情绪并改变做事风格。

很多人都希望自己能成为理想中的样子，希望不再为自己的冲动行事付出代价。但结果却总是"明明说好了不发火，却总管不住自己"或是"不由自主地焦躁起来，结果还是以跟同事大吵一架而告终"。长此以往，我们自己所遭受的损失将是非常大的。为了避免发生这种情况，我们有必要将第5章中介绍的"控制冲动的方法"牢记于心。因发火而

问题在于被愤怒所支配

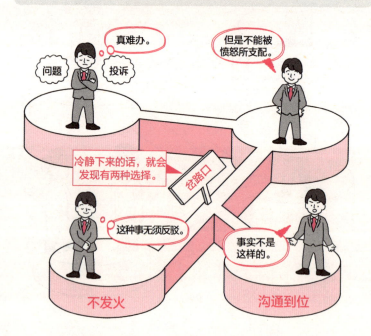

导致失败的事例，多数是由于冲动行事。比如说客户因产品问题而进行投诉，一上来就气势汹汹："你那边到底是怎么回事？"你能够做的就是冷静应对，回避无关紧要的问题，与事实不符的地方则应予以反驳。相反，如果你被对方的无礼指责激怒，冲动行事，立即与对方恶语相向的话，肯定不会有什么好结果。在愤怒情绪管理当中，我们将这种止损行为称为"行动的修正"。控制冲动情绪，改变交流方式，我们的成果就会在日常工作与生活当中体现出来。

改变行事风格的两种方法

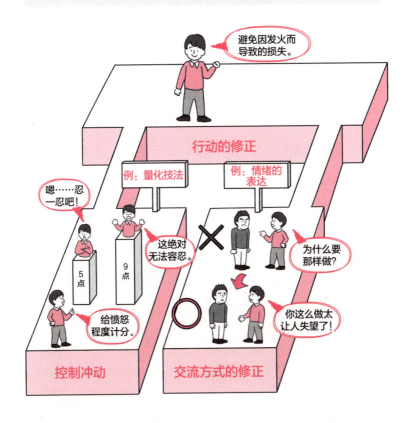

07 塑造一个不轻易发火的自我

只有重新评估自己的价值观，才能减少因无谓的琐事而发火的次数。

在很多人的心目中，理想的自画像自然是"不被愤怒所支配，更不会轻易发火"。虽说愤怒是一种与生俱来的情感，但于旁人而言本是无所谓的小事，自己却总是耿耿于怀，这于人于己都是有百害而无一利的，如果能够避免这种情况的发生，那是最好不过的了。比如说有这么一位小A，上司一给他提建议，他就觉得上司是在针对自己，总会憋一肚子

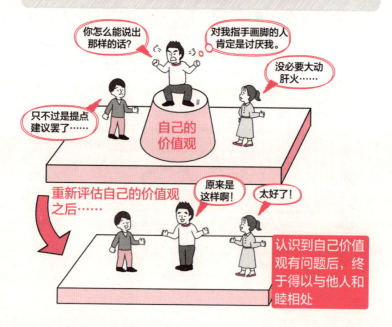

火。实际上，这是他"指责自己的人肯定是讨厌自己"（对自己有好感的人绝不会指责自己）的核心信念在作祟。因此，即便是别人给他提出善意的建议，他也仍然觉得无法接受。当他意识到是自己的想法发生了扭曲，意识到"提醒自己注意的人未必都是带有恶意的""每个人的见解都不尽相同"以后，对别人的善意提醒也就自然不再抱有敌意了。就像这样，小A重新评估自己的价值观之后，终于不再为一些无谓的事情而发火了。就像我们在第6章中所介绍的那样，平时将自己发火时的情形记录下来，就很容易发现自己价值观到底哪里发生了扭曲。较之控制冲动的方法，这种方法显然会花费更多的时间，却是最为根本、有效的方法。

对愤怒的原因进行分析，打造一个不易怒的自我

08 选择适合自己的方法

预防因发火而导致失败的方法多种多样，其中描绘出一个明晰的理想中的自画像不失为一个不错的秘诀。

重新评估自己的价值观，塑造一个不随意发脾气的自己，我们将这种做法称作"认识的修正"。经过长期不断的实践，它可以帮助我们扩大自己的"容许区间"。通过内省来不断改变自己的价值观及核心信念，这将是一个漫长而又艰辛的过程。相对于具有立竿见影效果的"冲动的控制"，"认识的修正"带来的改变具有实质性和根本性的意义。当然，无

选择适合自己的路

58

论采用哪种方法，我们总要迈出第一步。我们可以根据自身情况，选择适合自己的方法。不过在一般情况下，二者相结合应该能够获得比较理想的效果。初次接触愤怒情绪管理的读者，首先从"冲动的控制"入手的话，应该能取得比较明显的进步。首先我们的着眼点不应是"自己的坏脾气"，而应该是想得到一个"怎样的我"，这个形象越具体越好。这样一来，我们就能够发现现在的自己跟理想中的自画像之间有着怎样的差距，以及采取怎样的对策才能缩短这两者之间的差距。可以想见，如果我们能够变成理想中的样子，那将是何等的喜悦！但只要我们的信念足够坚定，通过对愤怒情绪管理的学习，终有一日我们会看到自己的改变。

学会控制突如其来的愤怒。

要善于表达自己的愤怒。

终于能够不轻易发火了。

明白了愤怒产生的原因。

习得技能

沟通的改善

都是在什么情况下发火的呢……

原来我的价值观是这样的啊……

发火的记录

针对发火原因的分析

留意总是因为过去的事而发火的情况

　　过去的事情已经成为过去，如果总跟过去纠缠不清的话，我们将永远也无法与愤怒化敌为友。总是沉溺于过去的人，虽说记忆力很好，但这也恰恰说明他不善于缓解自己的紧张情绪。

　　一般情况下，"完美主义且心高气傲""精益求精且容易沉浸于自己的世界当中"及"心思细密"等类型的人都很容易因为过去的事而发火。他们虽然看似稳重，但实际上只是比较善于压抑自己的怒火罢了，一旦他们的忍耐到了极限，

用左手的话，就算是扔东西也非常不容易。

就很可能会因为过去的某件事情而勃然大怒。

我们可以将他们归类为"喜欢胡思乱想的人群"。当他们发火时，或许脑子里想的全是过去的事情以及将来如何报复的事。要想放眼未来，就一定要掌握当前的情况。我们无法改变过去，更无法左右他人，所以沉溺于过去除了让自己更加痛苦以外，对解决问题没有任何帮助。

正念减压法不仅有助于我们排除杂念，同时在改变生活方式及自己的认知方面也非常有帮助，例如每天花15分钟左右使用非惯用手做一些事情。人们在做自己不熟悉的事情时的注意力通常是非常集中的。

职权骚扰法案与愤怒情绪的控制

　　2020年6月1日，日本《职权骚扰防止法》正式开始实施。自此，主动制定针对职权骚扰的相关对策成了企业的义务和责任。中小企业则从2022年4月1日起，有义务采取防止职权骚扰的相关措施，在此之前则有义务积极防止职场权力骚扰事件。

　　在以大型企业为主的各个企业当中，消灭职场权力骚扰虽然有加速的趋势，但诸如"虽然在知识层面了解何为职权骚扰，却不知道该怎么做才能消除职权骚扰"之类的声音却

虽说发火是不好的，但究竟应该怎么办呢……

看到你这么稳重，我也替你高兴。

总是不绝于耳。在职场上，因无法控制自己的情绪而对下级发火，将自己的观点强加于别人的做法就被视为是职权骚扰。

于是作为防止职场权力骚扰的对策，愤怒情绪管理便进入了人们的视野。学习了愤怒情绪管理中的应对方法后，人们便不会再随心所欲地发泄自己的怒火了。另外，愤怒情绪管理还能让人们重新评估自己的价值观，由此杜绝了人们将自己的经验当成绝对真理的情况。

日本厚生劳动省公示了职场权力骚扰的6种类型，其中包括：

● 精神层面的攻击——在指导工作时出现伤害对方自尊的行为及言论。

这种情况应该通过参加愤怒情绪管理的训练加以改善。如今，能否控制自己的愤怒情绪已经成为法律层面的问题，可见遏止自己的怒火以及定期审视自己的价值观是极为必要和重要的。

良好的情感表达是构建
良好人际关系的基础

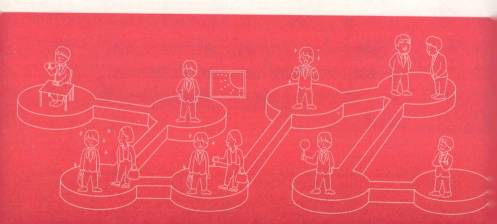

情绪表达到位的话，对方自然会做出反应。

当我们生气的时候，要尽量将自己的情绪准确无误地传递给对方，这一点非常重要。要做到这一点的话，我们就能够与愤怒化敌为友，同时也能让自己的人际关系网得到进一步地拓展。其中有一个诀窍，那就是彼此之间的交流要建立在互相尊重的基础上。

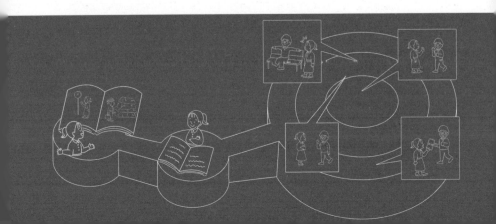

01 能够以适当的方式表达自己的愤怒，情况就会有所好转

站在对方的立场上考虑问题，并能以不卑不亢的态度说出自己的想法，就能准确无误地将自己的情绪传递给对方。

　　人们往往会在自己的核心信念遭到侵犯时感到愤怒。如果是因为自己的核心信念出现了扭曲，我们有必要将其纠正过来；若非如此，我们就更有必要去维护自己的价值观。如果我们只是心中愤愤不平，而不将其表达出来，对方就无法了解我们内心的想法。我们不想给人以易怒的

不拿出一定的态度，对方就无法知道你在想些什么

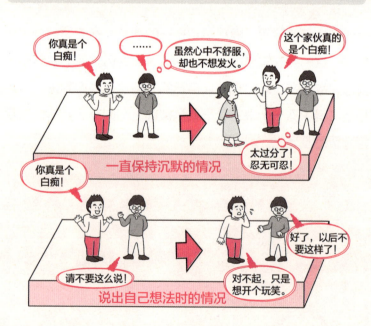

印象，但如果对方的态度有失礼貌而我们却没有反应，对方就一定会变本加厉，态度由失礼转为蛮横。如果一开始我们就明言"请不要那样说。那样说的话我会很难过"，对方就一定能够了解你的心情了。一直保持沉默是无法让对方明白自己的心情的。但如果放任自己的愤怒情绪，动辄高声怒吼，给人留下"这个人脾气暴躁"的印象也十分不妙。如果我们以"你在想什么呀？脑子有问题吧"之类的言语去大声呵斥对方，对方感受到的只有愤怒和敌意，而根本无法猜出你究竟想要表达什么。我们在与人交流的过程中，要尊重对方，站在对方的立场上考虑问题，同时也不忘坚持自己的主张。

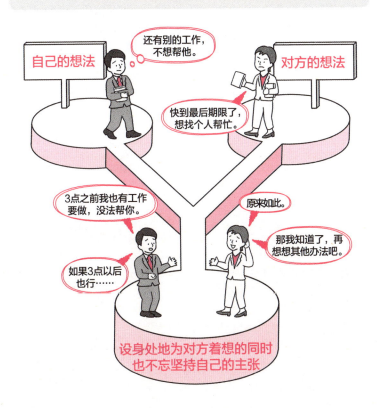

在尊重对方的前提下说出自己的想法

自己的想法

还有别的工作，不想帮他。

对方的想法

快到最后期限了，想找个人帮忙。

3点之前我也有工作要做，没法帮你。

原来如此。

那我知道了，再想想其他办法吧。

如果3点以后也行……

设身处地为对方着想的同时
也不忘坚持自己的主张

02 怒火无论是发泄出来还是憋在心里都不是什么好事

不善于将自己的情绪表达出来的人可以分为两种，他们都不擅于在尊重对方的基础上表达自己的想法。

　　不善于表达情绪的人大致上可分为两种。一种是通过压制对方来实现自己主张的，我们称其为攻击型（带有攻击性）。通常他们总是非常武断和片面："不管我说多少次，你总是做不好。"或是喜欢以势压人："不要在这里喋喋不休了，赶紧去做点什么吧！"抑或是得理不饶人："不是说好今天完成，你干吗去了？"总之，如果有人不按照他们说的做，他们

不擅长表达情感的人分为攻击型和被动型

攻击型
较具攻击性
通过压制对方的手段来实现自己的主张，动辄以势压人，容易冲动。

被动型
攻击性较低
自我克制，遵从对方的意志，逆来顺受。

口头禅①
单方面固执己见
　　不管我说多少次，你还是做不好。

口头禅①言语伤害
　　怎么说你都不会明白！

口头禅②
以势压人
　　不要在这里喋喋不休了，赶紧去做点什么吧！

口头禅②无理辩三分
　　抱有这种想法的也不是只有我一个。

口头禅③
得理不饶人
　　不是说好今天完成，你干吗去了？

口头禅③
表述不清楚
　　这让我也很为难……

就会大发脾气。还有一种就是一味依从对方的（毫无主见）。他们有些人喜欢自说自话："怎么说你都不会明白。"有些人则总是无理辩三分："抱有这种想法的也不是只有我一个人……"总之，他们害怕引起任何形式的纠纷，诸如"我现在很忙，希望你能帮我一下"之类的话他们是无论如何也说不出口的。但如果超出了他们的底线，他们也可能会大发雷霆。另外，由于他们毫无主见，所以此时对方会显得更具攻击性。其实无论是被动型的人还是攻击型的人，他们都是因为缺乏自信，被动型的人就不用说了，攻击型的人缺乏自我包容性本质也是缺少自信。其实无论哪种类型，最终遭受损失的都将是他们自己。

两类人的共同点

03

向对方展示自己的愤怒临界点时要不愠不火

如果能够将自己无法容忍的事情以比较委婉的形式表达出来的话，就可以与对方维持关系良好的状态。

善于表达自己情感的人既不会放任自己的情绪，也不会暗自憋气，他们总是让自己的情绪接近临界点而不爆发出来。愤怒的临界点跟自己的核心信念紧密相连，它处于容许区间与禁区的边界。如果对方的行为属于最佳区间，恰好跟自己的核心信念相吻合的话，双方就可以相安无事。但如果对方的行为属于禁区，实在无法接受的话，我们就要表明自

善于表达自己情绪的人在说出自己的感受时
总是不温不火，又不失礼貌

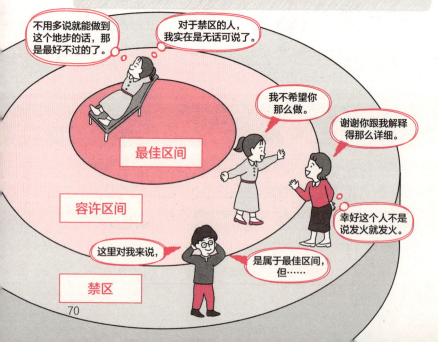

己的观点了。向对方阐明了哪些行为会令自己不快以后，相信就一定能与其维系一个相对良好的关系。攻击型的人则不同于被动型的人，他们总是喜欢强迫对方接受自己的观点，一旦遇到什么令他们感到不快的事情，他们一定会毫不掩饰地表明自己的态度。在阐明自己观点的时候，句子的主语最好是我们自己。如果句子的主语是对方的话，诸如"你迟到了，这不太好吧""你怎么就是不帮忙呢"之类的话，对对方的不满表露无遗，肯定会招致对方的不快。但如果将主语变成自己，诸如"你这一迟到，计划就全被打乱了，我真的感到很为难""你不帮我分担家务的话，我实在是有些吃不消"之类的表达方式，则既能将自己的情绪不温不火地表达出来，又不会招致对方的反驳。

在对话时要把句子的主语换成自己

你迟到了，这可不行！

你这一迟到，计划就全被打乱了，我真的感到很为难。

× 主语是对方

○ 主语是自己

你怎么就不能帮一下忙呢？

你不帮我分担家务的话，我实在是有些吃不消。

× 主语是对方

○ 主语是自己

04 让自己的愤怒临界点更加宽泛而明晰

在设定自己的愤怒临界点时，不宜过于苛刻和暧昧，这一点我们要慎之又慎。

我们要尽量让对方知道自己愤怒的临界点。除此以外，不断扩大自己愤怒的临界范围也非常重要。如果只有当对方的行为完全跟自己的价值观相吻合的情况下才能让自己平心静气的话，自己的精神压力肯定也会非常大。可以这样说，几乎没有一个人的核心信念能够跟另外一个人的核心信念完全吻合，如果有100个人的话，就可能会有100种截然不同的价值观。要有包容他人价值观的肚量，这一点十分重要。由于每个人

拓展愤怒的临界范围，减少焦躁情绪

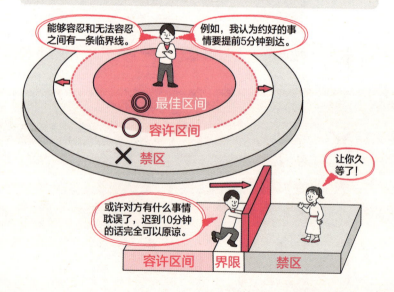

能够容忍和无法容忍之间有一条临界线。

例如，我认为约好的事情要提前5分钟到达。

最佳区间

容许区间

✕ 禁区

让你久等了！

或许对方有什么事情耽误了，迟到10分钟的话完全可以原谅。

容许区间　界限　禁区

的成长环境及经历各不相同，其价值观自然也各不相同。在此基础上，我们有必要审视一下自己的"容许区间"是否过于狭隘。例如，抱有"应该比约好的时间提前5分钟到达"的心态本来是一件好事，但如果要是以同样的标准强行要求他人的话，就很容易让自己产生心理压力。同时对方也会加以反驳："不要以你自己的价值观去强求别人"。如果将自己的容许区间拓展至"只要准时到达就没有问题""或许对方有什么事情耽误了，迟到10分钟的话完全可以原谅"，自己的心理压力就会减轻很多。此外，在这种情况下，一旦你的愤怒超出了临界点，也不至于让对方感到难以接受。自己的愤怒临界点不能因心情及对象而异，让对方清楚地知道你的愤怒临界点，这将成为你与对方建立良好人际关系的基础。

临界线模糊不清的话会让对方感到无所适从

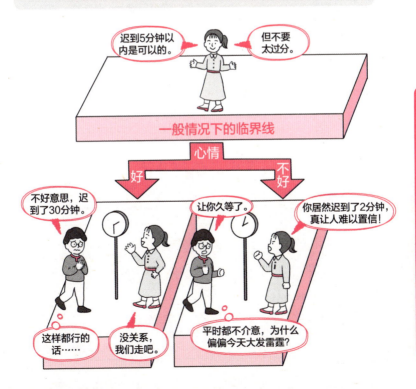

05 找出愤怒背后的原因会让事情变得更加简单

为了减少冲动的次数，除了要控制自己的情绪，还要改变行事作风。

　　当对方做出令自己不愉快的事情时，与其火冒三丈，倒不如将"愤怒背后的情感"展现在对方面前。因为这样做更能够让对方理解自己的心情。人们之所以会发火，是由于自己的期待或希望落空了。比如说家里有人将房间弄得一片狼藉后没有收拾干净，我们除了"怎么不收拾房间！"的愤怒以外，恐怕背后还隐藏着"说好了帮我分担家务，却又不肯

愤怒的背后隐藏的其他情感

帮忙"的难过。当自己的辛勤付出被别人贬得一文不值时，我们除了"凭什么那么说"的愤怒之外，其背后一定还隐藏着"以前的努力全都化为乌有了"的懊恼。实际上，人们之所以会发火，并不是为了让人知道自己有多么气愤，而是想让别人知道愤怒背后隐藏的情感。如此一来，与其一味发火，倒不如将愤怒背后的情感如实表达出来，因为只有这样，才能让对方了解你发火的真正原因。通常情况下，怒火换来的还是怒火，而说出自己的真实感受的话，往往能换来对方的理解与同情，能够助我们早日解决问题。当我们怒火中烧时，一定要把目光转向愤怒背后隐藏着的真情实感。

说出自己的真实感受就能换来对方的理解与同情

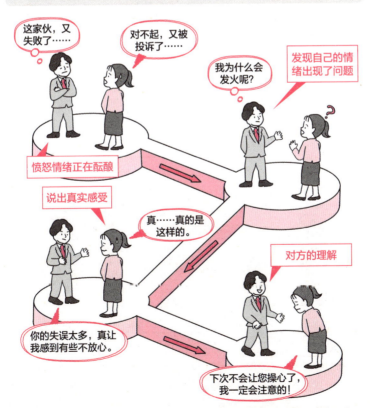

06 说出自己的要求才不会后悔

在表达自己的想法时，不应用自己的价值观去要求别人，而应该用"希望对方如何如何"这样的口吻进行表述。

　　我建议大家在发火时，除了表达自己的愤怒情绪外，还要加入自己的真情实感，例如以"希望某人为自己做某事"这种形式进行表达。例如，自己的工作没能像预期中那样得到上司的肯定，你因此而愤愤不平。当你将你的价值观"自己的努力没得到肯定，这不正常"告诉你的上司的时候，你的上司一定会勃然大怒："你的意思是我的判断有误喽？"但如果我们稍微改变一下自己的表达方式，诸如"半年以来的销售

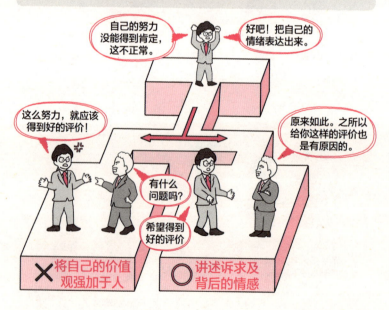

诉求及愤怒背后的情感的表达

自己的努力没能得到肯定，这不正常。

好吧！把自己的情绪表达出来。

这么努力，就应该得到好的评价！

原来如此。之所以给你这样的评价也是有原因的。

有什么问题吗？

希望得到好的评价

✕ 将自己的价值观强加于人

○ 讲述诉求及背后的情感

业绩持续上升，希望您能对此予以肯定""我觉得自己的表现并不像您说得那么差，所以这样的结果让我有些不知所措"等率直的表述方式既不会让对方感觉不快，又能够让对方知道自己的真实感受。另外，当对方发火时，我们要从对方的诉求及愤怒背后的情感着手。例如当自己的部下抱怨"给我的评价太低了，实在让人难以接受"时，如果你先宽慰对方"好的，你先冷静一下"，再给出自己的建议"我希望你的业绩能更好一些"，其实这样的做法并没有真正顾及对方的情绪，你要对其发火的真正原因加以揣度。如果你能够觉察到其发火的真正原因是对方"没能得到认可而产生的懊恼"，并就此加以安慰，对方就会释然了。除此之外，还要了解对方有何诉求，并尽可能助其实现该诉求，如此一来，便可奠定与对方建立互助、互信的人际关系的基础。

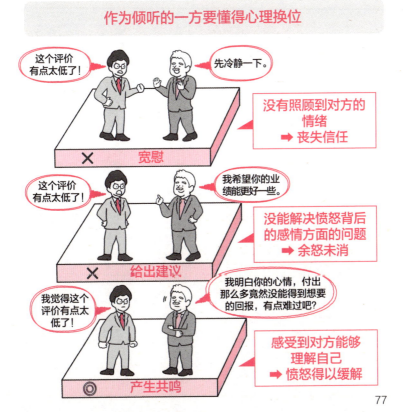

作为倾听的一方要懂得心理换位

这个评价有点太低了！

先冷静一下。

没有照顾到对方的情绪
➡ 丧失信任

× 宽慰

这个评价有点太低了！

我希望你的业绩能更好一些。

没能解决愤怒背后的感情方面的问题
➡ 余怒未消

× 给出建议

我觉得这个评价有点太低了！

我明白你的心情，付出那么多竟然没得到想要的回报，有点难过吧？

感受到对方能够理解自己
➡ 愤怒得以缓解

◎ 产生共鸣

07

对话时要对自己的情绪加以控制

要知道，你的愤怒也可能会勾起对方的怒火，不要做出让自己后悔的事。

当我们与对方进行交流时，冷静的头脑跟表达方式都很重要，所以纵使带着怒意，也要保持冷静。在这里，我们举几个因冲动行事而失败的例子。有些话在说出口之前，一定要保持头脑清醒，尤其是那些片面、武断的判断，很容易破坏和谐的人际关系。我们在情绪激动的时候，诸如"你总是如何如何""你肯定会如何如何"之类的话总是会脱

要想让对方理解自己，就要保持冷静

口而出，但实际上，这些话并不是百分之百与事实相符。如果对方加以反驳"我才不总是这样呢"，我们想要表达的情绪也就无从表达了。"总是""绝对""必须"等词极容易引发争执，因此要尽量避免使用。同样，诸如"一般情况下应该这样""你就是这种人"等，用自己的价值观去强求他人的做法也极为不妥。另外，在感觉到怒气上涌的时候应该就事论事，而不应该言及过去。例如"这么说的话你不也一样吗？""那是因为事出有因"等话题只会让事情变得更加复杂，所以应避免提及。另外，除了表达方式以外，谈话时的态度也很重要，敲打身旁的物品或是做出不耐烦的表情很有可能会勾起对方的怒火。

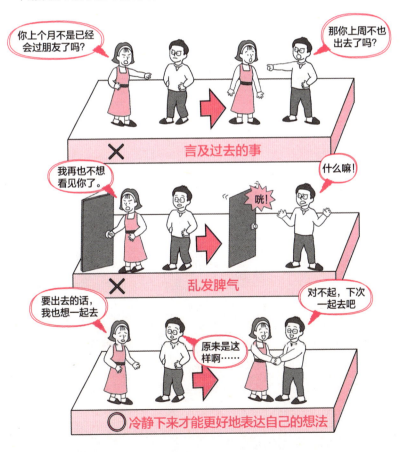

第4章 良好的情感表达是构建良好人际关系的基础

关键词 → ☑ 自我主张交流（Assertive communication）

08 让对方容易接受的表达方式

以尊重对方的姿态进行交流，即便是在比较难以处理的情况下，将自己的想法传递给对方也并非难事。

互相尊重彼此的立场及意见的谈话，我们称其为"自我主张交流"（Assertive Communication）。将自己的情绪毫无掩饰地传达给对方，这被视为"愤怒的最佳表达形式"。另外，我们有必要也让对方以同样的心态，在互相尊重的基础上进行交流。这种交流完全不同于攻击型及被动型，在交流过程中既不责怪对方，也不必自责。当我们感觉到自己怒

怎样才算是表达到位的"自我主张"

气上涌时，大可以直言不讳："你这么说让我感到很为难。"另外，在交流的过程中，双方都不要以势压人，而要以积极的态度去听取对方的意见。以此为基础，我们便可以开诚布公地交流了："我是这样考虑的，你觉得怎么样？"如果双方的想法大相径庭，不要固执己见，而要让对方看到一种相互理解的姿态："如果……的话，我是可以接受的，你觉得怎么样？"在自我主张交流中，互相尊重当数头等重要的大事。在此过程中，注意不要贬低对方的性格、能力及人格等，而要针对事实、行动及结果等进行讨论，并在此基础上进行愉快的交流。久而久之，我们就一定能够养成尊重对方的好习惯。

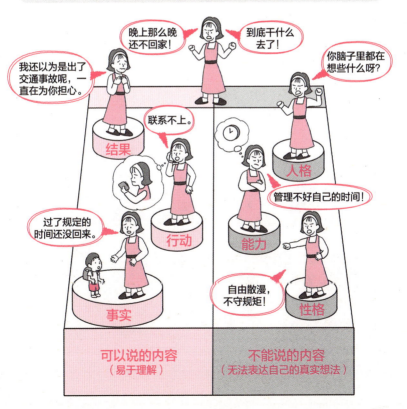

注意发火时针对的对象（内容）

09 将自己的想法明晰地表达出来才是最终目的

将重点放在过程而非结果上，自然就能掌握高超的情绪表现技巧。

　　无论我们的情绪表现技巧如何高超，都不能保证结果能够百分之百如我们所愿。即使有时候我们足够尊重对方，表达自己的情绪和愿望时也足够坦诚，对方是否配合也仍是个未知数。在这种情况下，我们只能锁定目标，勇往直前。经过一番不卑不亢的交流，即便最后没能达成共

将自己的想法明晰地表达出来才是最终目标

82

识，也一定能够取得对方的信任。我们一定要把重心放在交流的过程上面。我们已经非常清楚攻击型及被动型交流的害处，所以我们就一定要让对方知道自己是抱着"平等及互相尊重的态度"的。我们一定要坚信开诚布公的交流方式是最理想的，并将其应用于应对难缠的投诉及过于死板的下属，经过一番实践，相信我们的交流技巧一定会日胜一日。交流方式的改进绝非一朝一夕之功。在摸索中不断前行，纵使有时无法说服对方，随着经验的不断累积，相信我们一定能够习得高超的情绪表现技巧。

情感表达能力低下的人的特征

并不是所有人都能像自我主张型的人那样将自己的情绪表达得淋漓尽致，不善于表达自己情感的人具有以下特征。

● 口无遮拦

有些人不管是在发火时，还是心平气和的时候，总是口无遮拦，想说什么就说什么。他们没有揣测对方心理的习惯，所以情急之下往往会口不择言。如果平时就下意识地将对对方的尊重体现在自己的一言一行上，那么到了需要将自己的"愤怒临界点"展现在对方面前的时候，其情绪也一定能控制得恰到好处。

有点过火了……

不管男女老少，我要让所有人都喜欢我！

● 讨所有人喜欢的人

平时总是扮演老好人的话，在跟别人交流时，就很难开诚布公地进行交谈了。其原因在于每当我们想要发火时，就会碍于面子，无法表达自己的真情实感。长此以往，我们将很难与其他人建立较为密切的联系。人们的价值观各不相同，所以有时难免无法达成共识。人与人的交往贵在坦诚相待，将我们的真情实感展现在对方面前吧。

● 将发火的原因归咎于他人

我们常喜欢将失败的原因归咎于他人，这样一来自己的确是很轻松。但长此以往，对方的怒火一定会不断在心中堆积，进而断绝与我们的往来。但在职场及家庭当中，为了避免这种情况的发生，人们会竭力遏制自己的怒火。另外，为了探明愤怒的根源，我们一定要搞清楚核心信念究竟是什么。

心理安全与愤怒情绪管理

　　近年，提升心理安全感作为提高生产效率的重要一环，已被各大企业纳入了日程。谷歌为了提高劳动生产率，花费4年时间进行调查，并发布了一份调查报告，"心理安全"作为关键词被写入了报告。谷歌在该报告中指出，只有"团队全体成员可以安心工作，各司其职"，且身处可以自由讨论的融洽工作氛围之中，员工的心理安全才是有保障的。

　　与此相反，如果职场中不具备可以自由发言的氛围，其劳动生产率必然低下。如果公司里有人总是爱发脾气，那么其他人就会产生心理负担："无论跟他说什么，他都会发火。"如此一来，心理上的安全感也就无从保障了。如果想要知道

焦躁

在这种环境下就别想发表意见了。

一家公司到底有没有心理安全感，只需看这家公司是否允许出现多种不同的声音便可。因为易怒的人的核心信念往往是扭曲的，他们绝对无法容忍他人的价值观跟自己的价值观大相径庭。

让某一团队的全体成员都参加愤怒情绪管理讲座的话，他们的心理安全感一定会大为提升。在讲座的实践环节当中，他们将自己的价值观展现在彼此面前，经过一定时间的磨合与交流之后，对其他成员的"愤怒临界点"也有了一个大概的了解。在参加讲座的过程当中，人们将无须再对职位、性格、业务能力等因素心存顾虑。因为在这里，互相交流彼此的价值观才是头等大事。

对于试图通过改变职场氛围来提高劳动生产率的企业管理人员而言，首先要做的就是改变自己。在"没有一名下属愿意发言"的职场环境里，领导首先要做的就是与自己的愤怒化敌为友。

第5章

控制愤怒的情绪

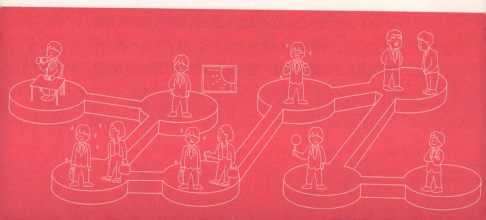

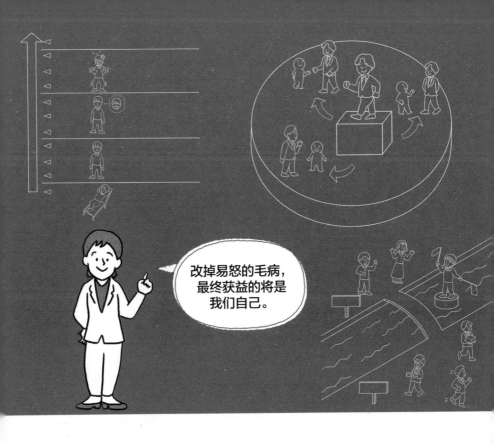

本章介绍的"冲动的控制"是一项具有立竿见影效果的技能。如果你正在为自己的易怒而烦恼不已的话，我建议你立刻将其付诸实践。如果能够熟练掌握这项技能的话，就再也不必对因愤怒而导致的失败心存恐惧了。

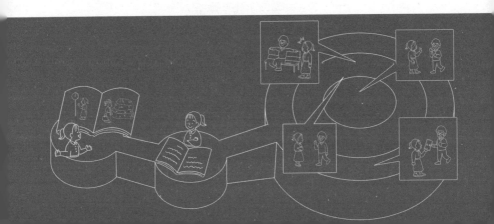

01

要想遏止自己突如其来的愤怒，就一定要有一个行之有效的办法

要想遏止自己的怒火，就要掌握控制冲动的相关技巧。让我们针对自己的情况，对症下药吧。

要想除掉易怒的病根，就要从改善易怒的体质及改掉遇事容易冲动的坏毛病两方面入手。从根本上解决问题能够让我们一劳永逸，而特效药则可以解燃眉之急。为了便于理解，这里我们以治疗花粉症为例加以说明。要想根治花粉症，就要养成良好生活习惯，并让身体逐渐适应过敏物质。但根治需要花费很长一段时间，所以很多患者都希望能够用

遏止愤怒的方法跟治疗花粉症时的情况相似

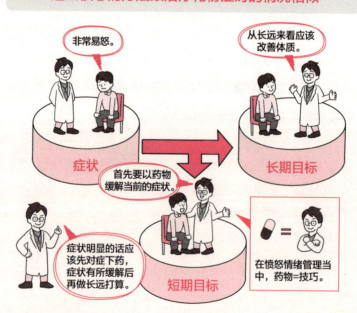

非常易怒。

从长远来看应该改善体质。

症状

长期目标

首先要以药物缓解当前的症状。

症状明显的话应该先对症下药，症状有所缓解后再做长远打算。

短期目标

在愤怒情绪管理当中，药物=技巧。

特效药来缓解当前的症状。情绪管理也是如此，对于控制不住自己的怒气的人而言，他们更需要的是一款能够即刻生效的特效药。本章我们就介绍几种行之有效的办法，它的作用与缓解花粉症症状的特效药极为相似。虽然方法多种多样，但总结起来无外乎一条，那就是从意识到自己发火的那一刻起等上6秒，等到自己的理性恢复机能之后再采取进一步的行动，这样就能有效地遏止自己的怒火了。这些方法我们没必要一一掌握，只需逐一尝试后，掌握一种适合自己的方法并将其付诸实践即可。每当怒气上涌时，只需使用其中一种方法，我们就能以冷静的态度去表达自己的想法了。

重点在于不要迁怒于其他的人或事

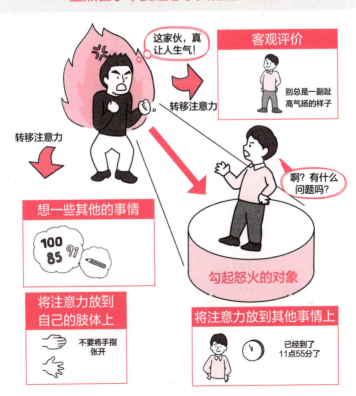

这家伙，真让人生气！

转移注意力

客观评价

别总是一副趾高气扬的样子

转移注意力

想一些其他的事情

100 85 91

啊？有什么问题吗？

勾起怒火的对象

将注意力放到自己的肢体上

不要将手指张开

将注意力放到其他事情上

已经到了11点55分了

02 将愤怒量化的技巧

只需在头脑中将愤怒进行量化处理,就能起到平复愤怒的效果,这着实有些不可思议。

愤怒量化技巧是一种能够将自己的愤怒转化成为数值的做法。当我们发火的时候,如果最大值为10的话,我们的"愤怒值"究竟是多少呢?例如有人突然撞了自己一下,可能会觉得有点不愉快,那么当时的愤怒值就是3;有人嘲笑自己穿衣服的品位,觉得有些令人恼火,那么当时的愤怒值就是5,每次遇到类似的情况不要把心思放在自己的情绪上,而要

计分可以让我们更加客观地看待问题

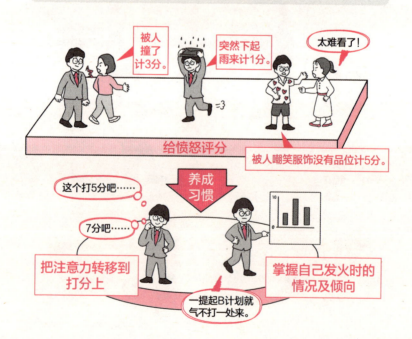

被人撞了计3分。

突然下起雨来计1分。

太难看了!

给愤怒评分

被人嘲笑服饰没有品位计5分。

养成习惯

这个打5分吧……

7分吧……

把注意力转移到打分上

一提起B计划就气不打一处来。

掌握自己发火时的情况及倾向

把注意力转移到给自己的愤怒打分上。这样一来就不会因愤怒而采取不理智的行动，6秒过后，我们的情绪也会从愤怒转为理智。关于愤怒值的设定标准，可以看看下面的图解。愤怒值的最小值为0，愤怒到极点时的值为10，有了具体的参考标准，我们就可以为自己当前的愤怒值打分了。这种做法除了可以对突如其来的怒气起到遏止作用以外，还可以洞悉自己发火时究竟有何倾向。即使是同一件事，其愤怒值指数也不尽相同。有些人的愤怒值可能会因为突如其来的意外情况而飙升，而有些人的愤怒值则会与某个特定的人有关。计分的情况可以让我们更好地了解自己的价值观。连续3个月左右下来，我们就会对自己的情况有一个大体的了解。另外，这种做法对于"体质的改善"也是大有好处的。

计分的大致标准

因极度愤怒而全身
颤抖

◁ 10

◁ 9
◁ 8
◁ 7

大发雷霆，几乎
不顾一切

◁ 6
◁ 5
◁ 4

虽然表面不露声色，
但实际上心里
非常气愤

◁ 3
◁ 2
◁ 1

虽然稍有不快但
很快就会忘记

◁ 0

轻松自在，
毫无压力

03 自我救赎的"静心咒"（Coping Mantra）

"静心咒"是感觉自己在将被愤怒所吞噬时，运用语言的力量让自己镇静下来的一种技能。

发火时，情绪的不稳定必然会让我们丧失冷静，从而影响我们的判断能力。用语言去安抚自己的情绪，这就是静心咒。这个"咒语"本身并无定式，只要是能让自己镇静下来的语言即可。比如说我们可以把"不要紧、不要紧"当成是一条咒语。由于你或你的上司其中有一个人搞错了某项工作的截止时间，你的时间骤然变得紧张起来，事情来得如此

让自己镇静下来的咒语

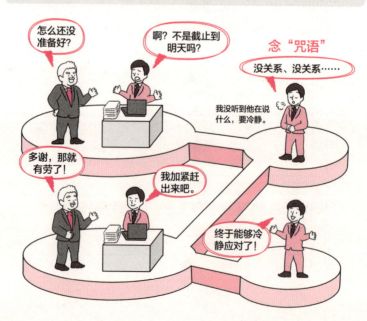

突然，这让你有些慌乱。这时你就可以使用这条咒语了："不要紧、不要紧。"6秒之后，你便恢复了镇定，你的理智告诉你："抓紧时间的话还来得及！"在使用静心咒时，语言的选择至关重要。一般情况下，我们应该选择"船到桥头自然直"之类的具有激励性质的语言，也可以选一些有助于缓解心理压力的语言。比如口中叨念爱犬的名字或自己喜欢的美食，就有稳定情绪的功效。还有"特库尼库马亚空"，这是一部很久以前的动画片《甜蜜小天使》中的咒语，有的人就觉得这句咒语能让自己的头脑一片空灵，具有让人镇静的功效。所以，让我们找到关键时刻能够助自己一臂之力的魔咒吧。

要选出最能让自己冷静下来的咒语

04 倒数计时有让人镇定的作用

数数可以占用我们的大脑，使其没有空间愤怒。我们可以在数数的方法上下一些功夫。

这个方法是从人发火后理性在6秒之内无法发挥作用的机理之中衍生出来的。从开始发火的那一刻开始，我们可以采用倒数计时的方法度过这6秒。为什么要倒数呢？因为如果按照"1、2、3、4……"的顺序数下去的话未免太过简单，恐怕无法起到冲淡心中怒气的作用。为了防止自己下意识地数数，我们可以从100开始，3个3个地倒数"100、97、

强制用脑

94、91……"。在这个过程中，未必每个数都要花上1秒的时间，为了让自己的注意力从愤怒中转移出来，只需在最初6秒里默念这些数字便可。由于数数是一种非常单纯的行为，所以这一习惯非常容易养成。习惯养成之后，平复心绪的过程就会变得越来越容易，愤怒也就会离我们越来越远。在使用这种方法时，有一点一定要注意，那就是不要长期使用同一组数字。长期使用同一组数字的话，就会跟从1数到6一样，其效果一定会大打折扣。例如现在是7月，那么我们可以从100开始7个7个地倒数，这样定期改变规则，就可以在一定程度上占用思维空间，让自己无暇去顾及令人愤怒的事情。

制定规则好让自己安然度过6秒

失败

1、2、3、4、5、6

过于简单，无法摆脱愤怒的纠缠。

从1开始数数

失败

100、97、94、91

时间长了就记住了，还是没有意义。

总是使用同一组数字

成功

现在是7月，所以逐7递减

100、93、86、79。

适度用脑规则

05

强行停止思考

在头脑中想象某种单色调物品的行为具有强制切换当前思维的功效。

人在发火时，往往满脑子想的都是惹自己生气的人或事，此刻如果不想点办法的话，愤怒就会不断升级，直至失控。于是，我们就需要借助自己的想象力来强制中断自己的思维，我们称其为"中断思考"。我建议大家此刻头脑中最好是想象出一张洁白的布或是纸。在我们遭到批评或是训斥的时候，想要突然中断自己的思维绝非易事，但如果头脑中浮

运用想象力使自己的头脑一片空灵

现出白色布匹或纸张的影像，我们的脑海中就会一片空灵。只要能让自己的思维中断，那么想象出怎样的画面就是我们的自由了。有的人想象出的是一块黑色的幕布，也有人想象出的是一片沙漠。总之，只要我们头脑中浮现出的是单色调的具体事物，就会暂时忽略眼前的事。此外，我们还可以发挥自己的想象，把愤怒想象成一张废纸，将其揉成一团丢进废纸篓里。此外，我们还可以对实物加以利用。例如，我们可以在电脑显示器背面粘上一张白纸，当收到令自己不快的邮件时，我们就可以将那张白纸翻过来，让它遮住显示器，借此来中断自己的思维。

锻炼自己的想象力以求迅速进入状态

建议：单色调的具体事物

白纸　　黑色幕布　　一片沙漠

变种：垃圾箱

愤怒

目视废纸篓

随手一扔

当收到令自己不快的邮件时，可以将那张白纸翻过来，让它遮住显示器。

06 通过"思维沉降法"来转移注意力

不要过多关注过去或是未来的事情，要将注意力集中在眼前的事物上，如此一来怒气便烟消云散了。

当一个人处于极度愤怒的状态时，他的心思就会只集中到愤怒上，而忽略了自己身体的状态及周遭的事物。当自己处于愤怒状态时，将自己的注意力转移至身边的其他事物上，借以控制自己的怒火的这种方法，我们称其为"思维沉降法"。这就像是让飘荡在天际的思维安然着陆

将注意力集中到身旁的物品上

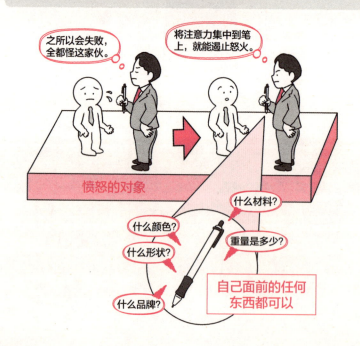

一样。例如，我们在工作时遇到了让自己生气的事情，这时我们可以将注意力集中在自己手中的笔上。我们要将手中笔的颜色、形状、品牌及重量等细节——探究清楚。当然，除了手中的笔以外，杯子、时钟以及窗外的景色等都可以成为转移注意力的目标。此外，诸如"今天室内空气清新剂是薰衣草香味的""今天比昨天凉快多了，应该会舒服很多"等感官感受也是不错的素材。人在发火时，一想起发火的原因及如何应付难缠的对手等涉及过去及将来的问题时，就会更加气不打一处来。借助思维沉降法，我们能够将注意力集中到"找回现在的自我"上，并意识到"现在不是为那些事烦心的时候"，从而使自己恢复常态。

不要为过去和将来的事情苦恼，要聚焦当下

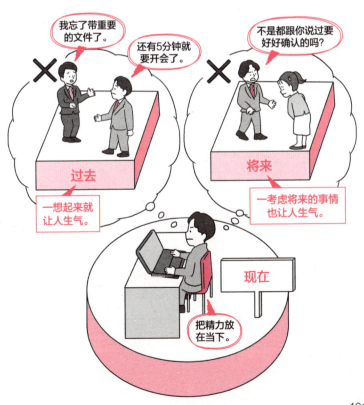

07

要像现场直播那样客观

对自己的动作刻画得细致入微，才能从客观的角度去解析自己的愤怒，从而让心情平静下来。

与思维沉降法类似，"现场直播法"是通过将注意力集中到"现在"的办法来控制自己的愤怒情绪的。像现场解说员那样，将自己的处境及动作等播报出来的话，我们的注意力就会从发火的对象身上移开。比如说有一位棒球选手三振出局，虽然士气低落，必须对自己的情绪加以调整，却又沉浸在懊恼中无法自拔。这时最好的办法就是将自己从击球区

将注意力放到自己的行为上，进而达到转换情绪的目的

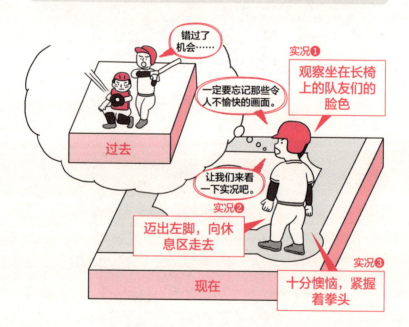

走向休息区时的情形进行"直播":"懊恼万分的A选手迈出左脚,向休息区走去。他观察着坐在长椅上的队友们的脸色。他十分懊恼,紧握着拳头。"像这样以客观的态度去审视自己的话,怒火很快就会平息的。现场直播法在跟其他人交谈时也非常实用。倒数计时法不适合在与其他人进行交流时使用,而现场直播法在这种时候就非常易于使用了。我们可以做出倾听对方说话的姿态,对自己的情况加以确认,从而让自己的心情平静下来。

便于在与人交谈时使用

08

扩展用来表现愤怒情绪的词汇库

将自己的心理活动刻画得细致入微，才能客观审视自己的愤怒，冷静下来。

我们在前文介绍了通过对自己的行为进行"现场直播"，从而将自己从愤怒的状态中解救出来的方法。本小节我们也要向大家推荐一种"直播法"，但这次"直播"的内容不是"行为"，而是"心理"。通常，在易怒之人的词汇库里，描写愤怒的词语总是少之又少。我们在量化法当中将愤怒分为10个等级，这说明愤怒是一种波动程度极大的情感，如果一个人关于愤怒的词汇过于贫乏，就说明他对自己的愤怒缺乏正确的认识。较之对愤怒只有一个笼统认识的人，能够将愤怒的层次做出较为细

愤怒的波动幅度极大

级别❶
怒气上涌

级别❹
怒上心头

1　2　3　4　5

致划分的人更能把控好自己的情绪。因为他们能够清醒地认识到自己的愤怒究竟是"怒不可遏",还是"稍有愠意,但还不至于耿耿于怀"。关于愤怒的词语有很多,如怒气上涌、怒上心头、勃然大怒、怒不可遏、愤慨,等等。比如说合作伙伴突然取消了订单,虽然事出有因,但突然单方面取消订单着实令人难以接受,此刻的愤怒用综合量化法及语言表述法进行描述的话就是,虽然不至于勃然大怒,但也让人有怒气上涌的感觉,抑或是稍有怒意的感觉吧,所以其愤怒指数为3分。通过将愤怒指标量化及心理活动的直播,我们就可以站在较为客观的角度去审视自己的愤怒了。

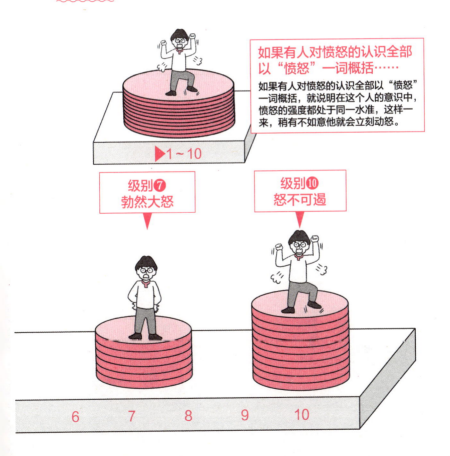

如果有人对愤怒的认识全部以"愤怒"一词概括……

如果有人对愤怒的认识全部以"愤怒"一词概括,就说明在这个人的意识中,愤怒的强度都处于同一水准,这样一来,稍有不如意他就会立刻动怒。

▶1~10

级别❼
勃然大怒

级别❿
怒不可遏

6　7　8　9　10

09 通过深呼吸调整自主神经

调节呼吸的节奏可以起到平复心绪的效果。让我们探索一下情绪与呼吸之间的关系吧。

当一个人发火时，即便他的大脑告诉自己要保持冷静，也未必有效。这时无须动脑思考，只需调整自己的呼吸便可见效。呼吸与人的情绪紧密相关。人在愤怒时，呼吸就会变得浅且急促。相反，心情平静时人的呼吸就会变得深沉而舒缓。自主神经分为交感神经和副交感神经。愤怒时，人的交感神经处于活跃状态；心情平静时则是副交感神经处于活跃状态。进行节奏舒缓的深呼吸时，副交感神经就会处于活跃状态，

通过深呼吸来放松心情

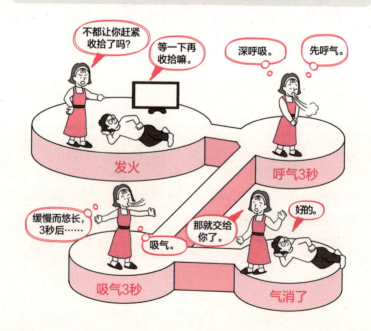

因此，我们可以用调整呼吸节奏的方式去平复自己的情绪。深呼吸的节奏最好掌握在每分钟呼吸10次为宜，即用3秒呼气，再用3秒吸气，如此循环往复。据说吸气时比呼气时更容易集中精力，也更容易让自己平静下来。本章中介绍了很多让自己平静下来的方法，其实除了这些以外，还有很多其他的方法。比如用6秒去回想自己喜欢的歌曲中舒缓而沉静的旋律。只要能起到将自己的注意力转移到别处的作用，无论用什么方法都行。也有些人在发火时一味用言语来激励自己。找到适合自己的方法，并逐渐养成习惯，愤怒终会离我们而去。

发掘忍耐6秒的方法

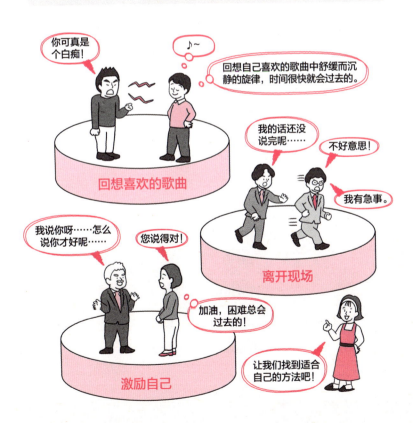

运用"正念减压法"（MBSR）来调整心态

　　人精神压力过大的话就会变得易怒。相反，如果平时压力不是那么大的话，人们也就不会因为一些鸡毛蒜皮的小事而大动肝火了。

　　"正念减压法"是一种较具代表性的缓解压力的方法。它是由麻省理工大学医学中心的乔·卡巴金（Jon Kabat-Zinn）教授提出的一种缓解压力的方法。因为谷歌在培训员工时使用了正念减压法，使得该方法名扬一时。

　　正念减压法通过将注意力集中在"此时此刻"来缓解压力。经过实践，人们已经认识到正念减压法能够帮助人们缓

很多人都在实践。

那我也试试。

解多虑及对过去的事情念念不忘等情况，通过将注意力集中在"当下"，可以达到缓解压力目的，同时也具有提高专注力、记忆力、创造力及同理心的效果。

正念减压法的实践性内容多种多样，下面我们介绍一则具有代表性的方法：

1. 伸展腰身，全身放松，坐到椅子上。

2. 将注意力集中到自己自然的呼吸上。

3. 当出现杂念时，不要刻意排除杂念，而是让自己的意识随心所欲。

4. 再次缓缓地将注意力转移到自己的呼吸上。

5. 重复步骤②~步骤④。

人在发火时，头脑中不是浮现出过去的事情，即自己发火的原因，就是思考将来要如何报复对方。我们要有意识地去缓解自己的压力，而正念减压法正好具有不错的解压效果。

愤怒情绪管理体验谈

　　从事商务活动的人每天都要面对巨大的压力，还要在这样的环境下发表自己的意见，并与同事及合作伙伴建立起互信合作的关系。其间如果一切顺利的话自然是没有问题，如果一旦出现问题，管理不好自己的情绪，无法将自己的想法准确表述出来的话，公司对你的评价就会一落千丈。另外，还有很多人对自己不熟悉的业务经常有畏难心理，这往往会导致心理状态不佳乃至出现心理问题。

　　要想摆脱愤怒与压力的困扰，提高自己的语言能力及沟通能力，愤怒情绪管理不失为一个有效的手段。很多商务人

士接触了愤怒情绪管理以后，都实现了自我的突破，更有人在工作中获得了良好的口碑，取得了长足的进步。

例如小A平时非常容易焦躁、发脾气，但自从接触了愤怒情绪管理之后，心态变得非常平和，在工作方面也更加得心应手。他惊喜地意识到："愤怒其实是最自然不过的情感之一，我终于知道什么时候该发脾气，什么时候不该发脾气了。"自此以后，公司也经常会把一些重要的工作交给他。

在讨论重大问题时，小B经常会跟其他人发生争执。改进了交流方式以后，他终于可以随心所欲地跟其他人交换意见了。他惊喜地发现："我终于发现，自己总是容不得对方有不同意见，而现在，我养成了倾听对方讲话的好习惯。"

第6章

改善动辄大动肝火的"体质"

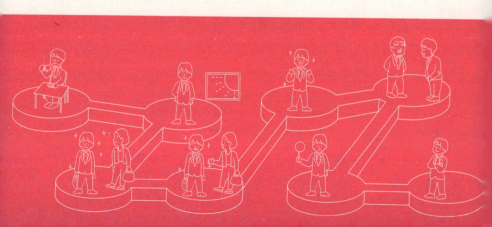

要想从根本上解决易怒的问题，就要从自己的核心信念入手。任何人的核心信念，即价值观，都与其人生经历有着密不可分的联系，所以任何人的价值观都不能单纯用"正确"或"错误"来评价。只是有一点值得我们深省，那就是从长远来看，我们的价值观于己于人是否都是有百利而无一害的呢？

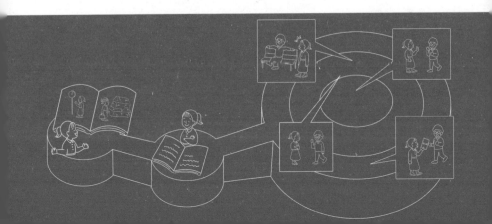

01 要心胸开阔

负面情绪是否会转化成为愤怒，完全取决于一个人气量的大小。重新评估自己的价值观能让我们变得心胸开阔。

人们遇到与自己的核心信念相悖的事情时，就会出现负面情绪，为之勃然大怒的也大有人在。这就好像是有些人的气量太小，容不下太多负面情绪，愤怒就会满溢而出一样。不同人的气量大小不一。有些人的气量太小，稍许的负面情绪就会让他们勃然大怒；而有些人则颇有气量，即便是遇到不顺心的事情也不会轻易发火。愤怒情绪管理学习和实

易怒程度与人的气量

简直是岂有此理！

虽说跟我的想法不太一样，但也不失为一个不错的想法。

气量小的人
· 非常情绪化
· 易怒且当对方发火时不知如何应对

有气量的人
· 胸怀宽广，可以包容他人

践的过程，实际上就是开阔胸怀的过程。重新评估自己的价值观，可以让我们更容易包容和接受他人的价值观。遭遇不同的价值观时，我们的心态也会从以前的"简直是岂有此理"变成"原来其他人是这样想的"，心胸自然就会变得开阔起来。如果我们能够意识到愤怒的直接原因就是"一触即发式思维"的话，就不会那么易怒了。重新评估自己的价值观，改变一触即发式思维，这是一个十分艰苦的过程。让我们循序渐进，正视自己，不断前行吧。

让胸怀变得开阔的方法

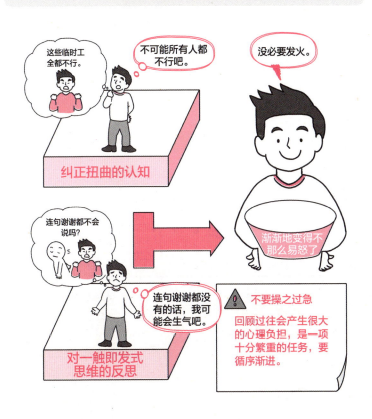

02

可探知愤怒倾向的"愤怒日志"

要想了解自己的价值观,最便捷的方法莫过于记下自己发火的情况了。发火的时候就取出纸笔,记录下来吧。

要想纠正自己已经扭曲了的价值观,从客观的角度对自己发怒时的情形进行分析不失为一个好办法。通过量化操作我们可以将愤怒转化成数值,这样就实现了"愤怒的可视化",有利于从客观的角度去审视自己的愤怒,发现发火的原因——自己的核心信念究竟哪里出了问题。"愤怒日志"是一种实现"愤怒可视化"的好办法。将自己发火时的情形及

发火的时候立刻做记录

心态记录下来，就可以更好地掌握自己在行为及心理上的变化情况。愤怒日志中所记录的内容应包括：日期、时间、所思所想、情绪的强弱、行为及结果等。情绪的强弱及愤怒程度都可以通过量化操作转化成为数字。如果将这一切都记录下来的话，自然就可以分析自己发火的原因。但要切记不要一边记录一边进行分析，因为专心记录的话就能排除主观因素的干扰，可以大幅提升记录的准确度，分析精度也会因此而大幅提升。在发火的时候就应该立刻将其记录下来，等数据积累到一定程度，我们就能够分析出其特征，了解自己的核心信念究竟什么地方出了问题。

"愤怒日志"记录指南

愤怒日志的样本

日期：8月15日
事件：被上司批评
所思所想：因项目进度问题受到严厉批评，但我认为上司根本就不了解情况
情绪强度：8/10
行为：进行反驳
结果：发生口角，气氛变得十分不融洽

第一点

为什么会发那么大的火呢？

✕ 不要一边记录一边分析

第二点

绝对是那个家伙的问题！

✕ 不要主观臆断

第三点

原来有这样的倾向啊！

〇 记录客观事实

03 用"压力日志"对愤怒进行分类

世上有些事可以改变，有些事我们却无能为力。决定了每一件事的先后顺序后再去做，我们的压力就会大大减轻。

　　世上总有些事让我们感到无可奈何。比如公司里有个十分讨厌的上司、自己的眼睛比别人小，等等。这些事让我们觉得很无奈，却又无力改变，于是感到压力倍增。压力越大，人就越容易变得脾气暴躁。简单做一下对比，我们就能明白压力与愤怒之间的关系了。可以回想一下，自己究竟是在空闲时容易发火，还是在繁忙时容易发火呢？我们对客观存在的事物无能为力，但是我们可以通过改变自己对事物的看法来减轻自己的压力，压力减轻了，人自然也就不再那么易怒了。至于具体做

写下来，让自己与愤怒彻底绝交

法，就是在发火时将整个过程记录下来，制作一个"压力日志"。首先我们要把自己觉得有压力的事情写在纸上。只要弄清楚哪些事会让自己感受到压力，就会让人觉得轻松不少，所以尽量不要有所遗漏。接下来，要将这些事件分成4类，分类的标准就是"重要与否"及"自己有能力改变与否"，另外还要附上分类的原因。如果是自己有能力改变的事情，认识到其重要性以后压力自然会减轻不少；如果是非常重要的事情，而自己又无力左右其结果的话，与其耿耿于怀，倒不如另作打算。至于那些不那么重要的事情，要适当调整其优先顺序，等处理完重要的事情以后再进行处理。

将压力分门别类

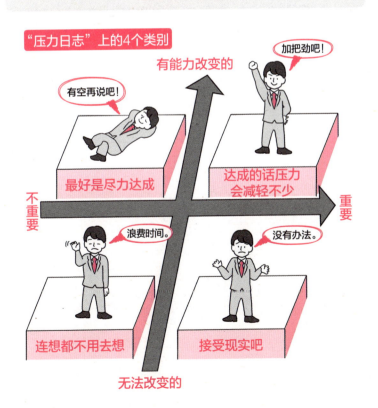

"压力日志"上的4个类别

有能力改变的

加把劲吧！

有空再说吧！

最好是尽力达成

达成的话压力会减轻不少

不重要

重要

浪费时间。

没有办法。

连想都不用去想

接受现实吧

无法改变的

04 借助"应该日志"来把握自己的价值观

回顾自己写下的"愤怒日志",就能发现我们的核心信念究竟是什么地方出了问题。让我们看看自己到底有没有在为毫无意义的事情大为光火吧。

我们要在"愤怒日志"中留下大量记录,并以此为基础整理出"应该日志",借此来重新评估自己的价值观。首先我们要从愤怒日志中选取有参考价值的事件,并对当时自己的核心信念加以分析。我们回顾了几则具有代表性的事件之后,就完全能够看出究竟是什么样的核心信念让自己变得如此易怒。我们要重新评估自己的核心信念,看这样的核心信

运用"应该日志",对"愤怒日志"加以回顾、分析

6月5日,男朋友迟到了。好慢呀!

6月7日,住宿的旅馆卫生条件很差。

发生了这么多事啊!

这跟自己的价值观似乎有很大关系。

❶ 重新评估"愤怒日志"

选出能够反映出自己核心信念的事件

❷ 选择自己比较在意的事件

念是否符合常理。重新评估了自己的价值观之后，还要再次对自己发怒的临界点加以确认。具体做法如下图所示，首先要在纸上画三重圆圈，分别写上"容许""可以容忍""无法容忍"。接下来，参照"愤怒日志"及"应该日志"中所写内容，让自己的价值观对号入座。例如当遇到因对方迟到而发火的情况，就写上"与迟到有关的价值观"。可以一边考虑在什么情况下自己能够勉强接受，一边尽量扩大"可以容忍"的范围。实际上，很多时候我们在能够容忍的情况下也会选择发火，所以有必要进一步明确"愤怒临界点"的条件，如此一来，我们就不会再为不必要的小事而发火了。

重新评估"愤怒临界点"

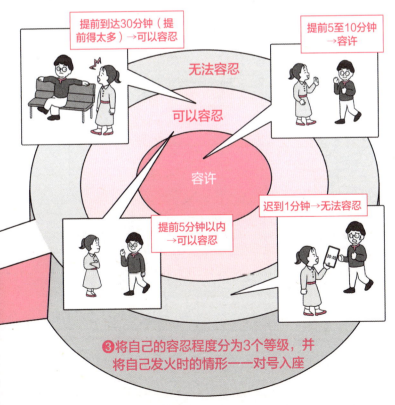

提前到达30分钟（提前得太多）→可以容忍

提前5至10分钟→容许

无法容忍

可以容忍

容许

提前5分钟以内→可以容忍

迟到1分钟→无法容忍

❸将自己的容忍程度分为3个等级，并将自己发火时的情形——对号入座

05

提升自我认同感的"成功日志"

连自己都难以接纳的人，愤怒自然更愿意与其结伴同行。将自己的成功记录下来，借此提升我们的自信与自尊吧。

人是一种不完美的动物。谁都有擅长和不擅长的事物，所谓的完人是不存在的。能够肯定自己的长处，正视自己的短处，其实这一点难能可贵，可有些人就是喜欢跟别人一较短长。这些人的自我认同感极低，也正是因为极度缺乏自信，缺乏安全感，他们常常以一种好斗的姿态示人。他们当中也有些人因为自卑而沉默寡言、生闷气。攻击型的人往往

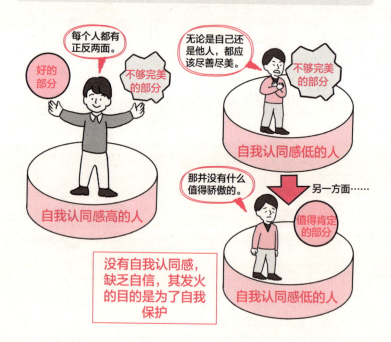

自我认同感低的人总是自我否定

每个人都有正反两面。

好的部分

不够完美的部分

自我认同感高的人

无论是自己还是他人，都应该尽善尽美。

不够完美的部分

自我认同感低的人

那并没有什么值得骄傲的。

另一方面……

值得肯定的部分

自我认同感低的人

没有自我认同感，缺乏自信，其发火的目的是为了自我保护

会因为一些鸡毛蒜皮的小事而勃然大怒；而生闷气的人一旦忍耐到了极限更是一发而不可收拾。只有提高自我接纳度，才能塑造一个不会因一点小事而发火、成熟稳健的自己。要想提高自我认同感，就要从记录点滴的成功体验——"成功日志"做起。除了成功体验以外，自己擅长的事物或是自己引以为傲的外在及内在的事物也不妨试着记录下来。例如打扫卫生很在行、很会照顾别人，甚至有一个高高的鼻梁等只要自认为是优点的都可以。规则只有一个，那就是不要与其他人比较。即便在某种程度上不如其他人，只要是自己认为有可取之处的，就要给自己以肯定的评价，这一点十分重要。

将自己的成功记录下来，提高自我认同感

跟别人比我根本就没有什么值得称道的地方。

实在是想不出来。

总是跟别人比的话，根本就写不出来

打扫卫生在行

很会照顾别人

高鼻梁

真的很意外！

充满自信！

即便不够完美，但必须要接受这样的自己

06 阻断恶性循环

如果你总是发火的话，其实只要改变自己行为模式当中的一环，情况就会有所不同。

通过记录"愤怒日志"，我们可以找出自己发火的规律。比如会经常对老年男性发火、经常会在忙得不可开交的时候发火，等等。具体举例来说，工作繁忙时日程突然发生变化会让你十分不爽，还有每当上级追问工作的细节时，你也总是没有好气。这是因为不用思考，以不变应万变的应对方式让你觉得十分轻松，殊不知你易怒的坏毛病也是这样养成

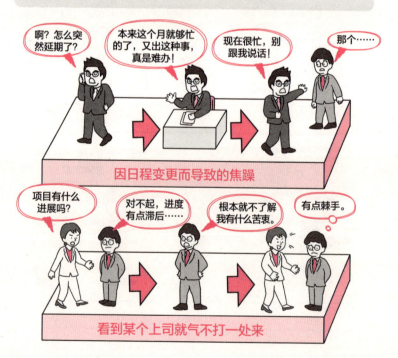

人的"愤怒模式"有很多种

因日程变更而导致的焦躁

看到某个上司就气不打一处来

的。人的行为模式一旦固定下来，固然是无须多动脑筋便可以不变应万变，但如果愤怒成了习惯，那就需要下一番功夫，才能改掉这个坏毛病了。比如说当你为日程的变化而感到焦躁不安时，大可以通过有效利用空闲时间来赶进度。时间的利用方式发生了变化，怒火自然就不消自灭了。"阻断恶性循环法"就是通过改变自己一系列行为当中的一环，来阻断自己愤怒模式的开启。只要人的行为模式发生微小的变化，触发愤怒的力量便会自然减弱。但如果一系列行为中的若干环节出现变化，致使你无法启动"愤怒模式"，就无法探明你发火的真正原因，所以使用这个方法时切忌操之过急。

改变某一环节，终止恶性循环

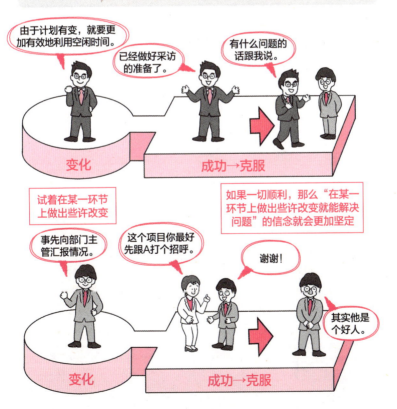

07 从"幸福日志"中发现幸福的线索

提升自己发现幸福的能力。当你心里满是正面情绪，愤怒也就无处容身了。

当你心中满是负面情绪的时候，愤怒也会随之而来。相反，如果心中满是正面情绪的话，愤怒自然也就没了容身之所。身处险境时，人们对消极因素和积极因素都特别敏感，这是人的本能。虽说让我们感到快乐和欢愉的事情简直数不胜数，但我们的心灵还是很容易就被诸如"工

多关注自己的正面情绪，愤怒就会离你而去

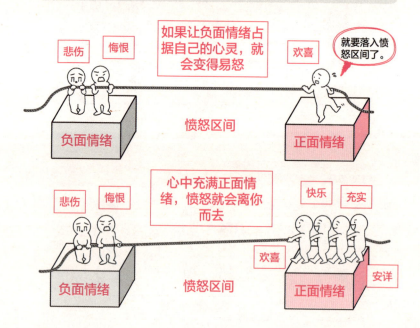

作上的不愉快"及"男朋友让人心情不爽"等令人不快的事情填得满满的。另外，我们在写"愤怒日志"时，也在一定程度上存在被过去那些令人不愉快的事情扰乱心绪的风险。而"幸福日志"则能够让我们的内心充满正面情绪，让我们变得不再那么容易动怒。写"幸福日志"时有一点一定要注意，那就是不要错过任何幸福，哪怕是那些看似微不足道的幸福。比如"工作进行得很顺利""收到礼物"等事情很容易让人产生幸福感，但像"早饭的味道不错""自己喜欢的明星出现在电视屏幕上"等事情却很容易被人忽略。让我们提升自己发掘幸福的能力吧，即便是一些微不足道的小事也不要轻易错过。

"幸福日志"与"愤怒日志"的综合运用

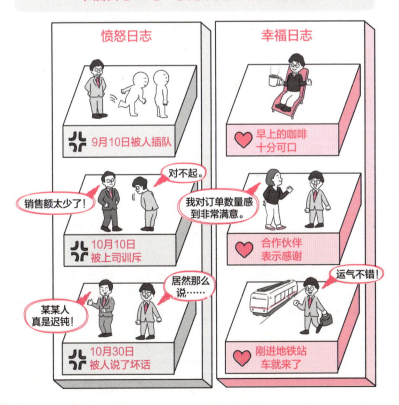

08

刷新价值观的"三步走"

活用"愤怒日志"对自己的核心信念重新进行评估。重新评估的要点为"在他人看来"及"从长远来看"。

　　要改掉易怒的坏毛病，就要对自己的核心信念重新进行评估，对发生扭曲的部分加以纠正。那么所谓"扭曲的核心信念"究竟是什么呢？从长远看来，如果自己的核心信念对自己及他人而言是健康的、积极的，那么自己的核心信念就没有任何问题，反之则是出现了扭曲。例如"读完邮件后应立即回信"这一核心信念对自己来说在短期内或许有一定的帮助，但要求对方立刻回信的话，则会给对方造成很大的负担，如果

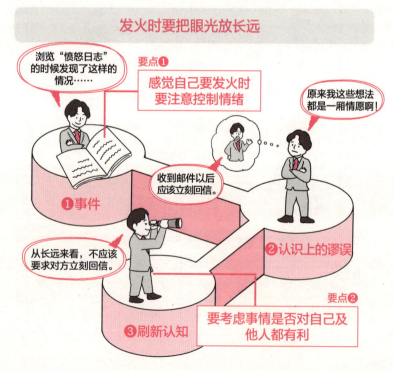

128

在一个相当长的时期内要求对方立刻回信的话，更有可能导致相互之间关系恶化，这无论是对对方，还是对自己来说都绝不是什么好事。要想纠正扭曲的价值观，可以分三步走。首先我们以愤怒日志为基础，像下图中那样分别记下"①感到愤怒的事"，然后思考发火的起因是怎样的，即"②扭曲的核心信念"。例如与合作伙伴之间发生不愉快是由于自己认为"收到邮件以后应该立刻回信"。但经过一番思考，你终于认识到只有以长远的眼光来看，对自己及他人都有利的结果才是最佳选择。最终的结论是："③对方可能会因为过于繁忙而无法回信。如果真的有急事的话，可以主动通过电话与对方取得联系。"

"三步走"的实例

09 不能让过去的痛苦回忆重演

一触即发式思维方式让愤怒如箭在弦。这是因为过往的痛苦经历让人对眼前的琐事产生了过激的反应。

　　让愤怒如箭在弦的思维方式我们称之为"一触即发式思维"。例如当人们感觉自己被骗了的时候，就会立刻变得怒不可遏，这就是一触即发式思维在作怪。尤其是被自己信任的人欺骗过或是有过其他痛苦经历的人，最容易被这种思维方式所左右。"愤怒日志"是发现自己究竟什么时候有过一触即发式思维的好工具。首先要找出自己印象最深刻的事件，

"一触即发式思维"是愤怒的导火索

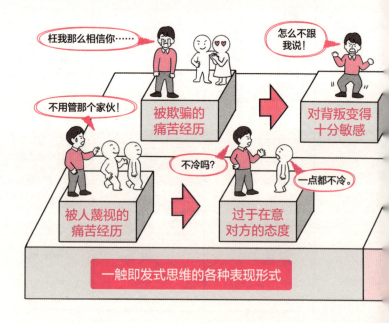

一触即发式思维的各种表现形式

对其中的"所思所想""行为"及"结果"进行重新评估。然后再锁定自己当时不易令人觉察的感情及思维,重新审视自己当时的所思所想。不必把精力花费在那些显而易见的事情上,还是让我们来探究一下自己发火的原因究竟是什么吧。如果我们对多个事件进行同步分析的话,就会发现其中的共同点。我们谁也不希望自己过去痛苦的经历再度重演。有时候我们感觉自己受到了欺骗,但实际上对方或许未必就是想存心欺骗。一触即发式思维的根源在于我们谁都不想让过去痛苦的经历重演。明白了这一点,就不会动辄因为过去的烦恼而大发雷霆了。

一触即发式思维最具代表性的例子

被人小瞧、被人利用、被人忽视、不被认可、被人嘲弄、被蔑视、被羞辱、事情没有朝着自己预想的方向发展、与相貌有关的问题、性别歧视及人种歧视

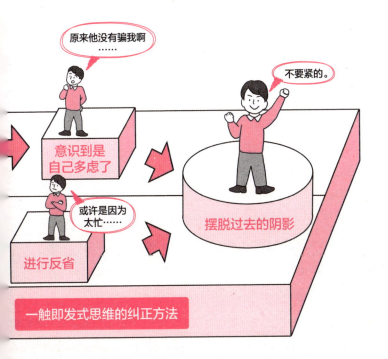

原来他没有骗我啊……

不要紧的。

意识到是自己多虑了

或许是因为太忙……

摆脱过去的阴影

进行反省

一触即发式思维的纠正方法

3个星期改掉易怒的坏毛病

　　将自己的愤怒记录下来，通过改变自己价值观的方式来改掉易怒的毛病，这种做法无法立竿见影，需花费一定的时日方能见效。只经过一次乃至数次的分析及反省，是无法从根本上改变经年累月形成的核心信念的。愤怒情绪管理之所以是一种心理训练，是因为它不单单要学习相关知识，还必须经过反复的练习才能熟练掌握。

　　下面是愤怒情绪管理实践的4个必经阶段。

1. 学习技巧
2. 在失败中不断摸索、不断练习
3. 进一步有意识地加以训练
4. 可以与其他事情同步进行

　　请不要担心，这其中有个诀窍，那就是首先下定决心坚持3个星期。3个星期只是个大概的时间，我们需要用这段时间来培养自己的习惯。

　　在大约3个星期的时间里，如果我们每天都拿出一定的时

3个星期以后，我会变成什么样呢?

间，通过记录"愤怒日志"等手段来不断纠正自己的价值观，那么在以后的日子里，我们就会习惯性地不断去审视和纠正自己的价值观。其实即便只是区区的3个星期，也需要坚定信念才能坚持下来。为了消除心中的疑惑与不安，我们可以想象一下坚持3周以后的成果。

1. 坚持3周，就能养成审视与纠正自己价值观的习惯。

2. 习惯养成之后，价值观也随之改变，不会再轻易发火。

3. 改掉易怒的毛病后，遇到任何问题都能保持好的心态，安然渡过难关。

4. 从此身边的人对你的印象也会大为改观，这是迄今为止我们无法想象的。

3个星期的努力居然会有如此大的变化，这样的变化也必将成为我们坚持下去的动力。

适度的运动可以缓解压力

　　要改掉易怒的坏毛病，就不能让自己有太大的压力。那么要想缓解压力，究竟哪种方法最有效呢？

　　最不可取的办法就是在吃饭时间发牢骚。因为这样做，当时或许会觉得很过瘾，但你的大脑却会认为这就是你即将发火的前兆。这跟考试之前大声朗读英语单词，多读几遍就能背下来是一个道理。一件事重复几遍以后，就会在我们的脑海中留下深刻的印象。酒精和食物会让大脑兴奋，这时要是发牢骚的话，就会充分调动起自己的感官，将不满和牢骚深深地印在脑海当中了。另外每当我们发牢骚的时候，记忆

说人坏话可不太好。

是啊，到头来吃亏的是自己。

深处那些令人不快的事情很有可能会随之被放大数倍，这一点我们一定要提高警惕。

　　持之以恒的适度运动是化解压力最好的办法，慢跑、骑车、游泳、伸展体操等都是不错的选择。做这些运动都可以促进血清素的分泌。血清素是一种能够令人精神愉悦的物质。像马拉松、力量训练等强度大、追求极致的运动反而会容易使人产生压力，所以这类运动还是尽量不要接触为佳。

　　瑜伽及正念减压法等注重意念的活动也是不错的选择。做辅以呼吸的运动可以更好地审视自己的心理及精神状态。如果能够及时发现自己某一天的状态不太对劲，可以提前做好准备，将愤怒消灭于无形之间。

第7章

不要被对方的怒火所左右

当对方发火时，如果应对有误，就会很容易勾起自己的怒火。只要思维方法正确，即便是面对前来投诉的客户的怒火也能够从容自若。让我们活用第5章中的技巧，以沉稳的心态从容应对吧。

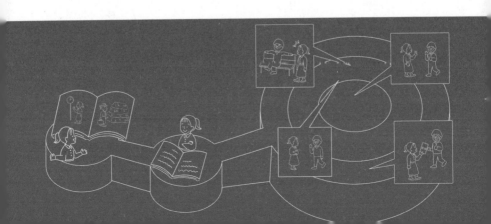

01

不要为对方独有的价值观所迷惑

当我们面对的是一个喜欢主观武断的对手时，不要对其言行有过激的
反应，可以暂时保留自己的意见。

　　无论是在什么场合，对方如果发火，总让人感到难以应付。此时还
以颜色的话难免会发生口角，忍下来又心有不甘。有些人总是喜欢将自
己的价值观强加给别人。比如被上了年纪的上司训斥："你是怎么搞的？
还是按我说的做吧。这项工作应该使用A方法来做才对。"面对对方的
主观武断，你立刻还以颜色："那是以前的老办法了吧？"对方碰了个硬

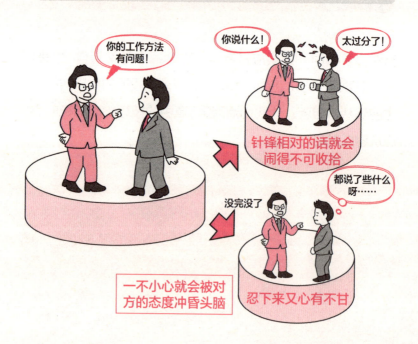

对于情绪化的对手一定要倍加小心

你的工作方法
有问题！

你说什么！

太过分了！

针锋相对的话就会
闹得不可收拾

都说了些什么
呀……

没完没了

一不小心就会被对
方的态度冲昏头脑

忍下来又心有不甘

钉子，必然会勃然大怒。面对对方的诘难，我们要做的不应该是火冒三丈，而应该在理性分析对方观点的基础上暂时保留自己的意见。由于每个人的经历不同，导致其在每件事情上的看法必然会不尽相同。此刻我们应该在尊重对方的基础上，以较为柔和的方式说出自己的想法："原来您用的是那种方法，现在也有人用这种方法，而且效果也不错，您觉得怎么样？"如果实在无法抑制自己的愤怒，也可以试着使用第5章介绍的遏止愤怒的相关技巧。无论遇到任何事情，都要保持一颗平常心。

对对方口中的"应该如何如何"加以分析

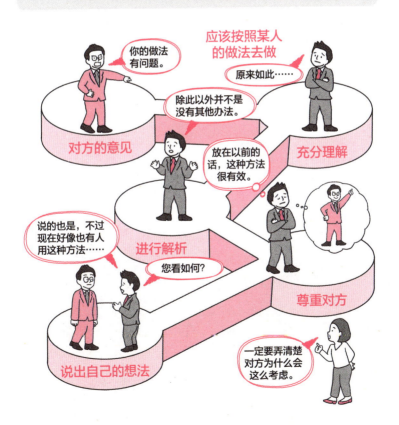

从俯瞰的角度看待对方的情绪

切不可因为对方的愤怒而火冒三丈。要暂时将自己与对方"隔离"开来。

包括欢喜及悲伤等在内的情绪会传染给身边的人，因此我们说情绪具有传染的特性。其中愤怒是一种能量较大的情绪，非常容易传染给身边的人。因此当有人发火时，即便我们想要冷静应对，有时却还是忍不住怒火中烧。当对方变得越来越情绪化时，我们就要以一种俯瞰的姿态去对待，这一点十分重要。当对方发火时，可以想象你们之间有一道无

跟对方的愤怒拉开距离

法逾越的屏障，这样一来就可以免受对方情绪的影响，也就不会那么轻易动怒了。当对方的怒火难以遏止之时，我们就可以使用第5章中的技巧了。我们要让自己的意识刻意远离那即将燃起的怒火，将注意力转移到别处，这样就可以有效遏止自己的怒火了。进行一次深呼吸的时间就可以免受对方情绪的影响，从而使自己远离愤怒。冷静下来之后，还可以在自己的头脑中对对方的愤怒进行"现场直播"："这个人简直是自说自话""他知道自己说的那一套根本就是毫无道理，所以才会勃然大怒"。这样做不但能够站在客观的角度去窥视对方的心理，还可以起到让自己的心情恢复平静的作用。

不受对方情绪影响的方法

唑——
（吸气声）

哈——
（呼气声）

深呼吸

现在这个人的情绪就是这样。

我可不会那样。

俯瞰

100、97、94
……

想些其他的事情。

运用技巧

自说自话，结果惹得自己勃然大怒。

进行现场直播

03 暂且接受对方的观点

当对方发火时，我们总是喜欢与其针锋相对。何不试着暂且接受对方的想法呢？坚持这样做，我们就再也不必为人际关系的恶化而烦恼了。

人们常会因为这样那样的误会而大发雷霆。尤其是情绪焦躁时再被人误解的话，任谁大概都会大声辩解："我可没做那种事！"当对方无法保持冷静的时候，一不小心，我们的某些做法就可能会给对方的愤怒火上浇油。其实即便对方的观点不正确，我们也不妨暂时保留自己的意见。例如，面对上司突如其来的责难："客户要求的事你怎么还没有处

立刻否定对方观点的做法不可取

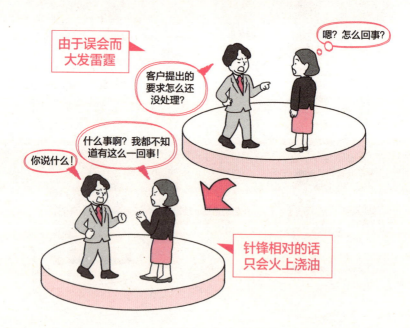

理?"由于你根本毫不知情，于是针锋相对："什么事啊？我都不知道有这么一回事！"这样一来，对方一定会勃然大怒。遇到这种情况，<u>你不应该立刻否定对方的说法，而应该对事实关系加以确认</u>："是接到了A公司的投诉吗？实在对不起，我没有接到任何通知，您能告诉我到底是怎么回事吗？"这样一来，对方也会冷静下来。接下来，你就可以直接向对方询问事情的来龙去脉了。如此一来，就可以避免"处理了还是没处理""说了还是没说"之类无意义的争吵了。

暂且接受对方的观点

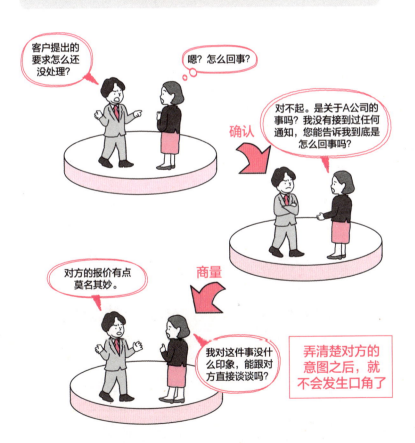

客户提出的要求怎么还没处理？

嗯？怎么回事？

确认

对不起。是关于A公司的事吗？我没有接到过任何通知，您能告诉我到底是怎么回事吗？

对方的报价有点莫名其妙。

商量

我对这件事没什么印象，能跟对方直接谈谈吗？

弄清楚对方的意图之后，就不会发生口角了

04 体察对方的心情

在处理投诉等方面的事务时，要想让盛怒中的顾客接受自己的观点，就要弄明白对方究竟为什么发火。

      对方在盛怒之下，很有可能无论你提出什么样的解决方案，对方都不愿意接受。遇到这种情况，我们就要找出对方愤怒的背后隐藏的真正原因。愤怒是由于自己的核心信念遭到践踏，悲愤、寂寥等负面情感突增而引起的。比如一位怒气冲冲的客户高嚷："这商品是怎么回事？叫你们的负责人出来！"他愤怒的背后一定也会有"本来是十分期待的一件商品，但它却没能如人所愿"的失望情绪。愤怒本身其实就是一种不满

处理投诉时揣度对方的心理

的表现形式，所以只要弄清楚自己想要的是什么，怒气自然就会烟消云散了。同样道理，如果想让对方接受自己的观点，揣度对方的心理不失为一个有效的手段。拿之前处理投诉的事为例，如果对方听到"让您乘兴而来，却没能让您满意而归，实在抱歉"之类的话，他的态度一定会有所缓和。与此相反，如果不理解对方的心情，那么无论你提出多么有诱惑力的解决方案，对方也不会接受。即便无法知道对方究竟在想些什么，也要让对方看到你在这方面所做出的努力。让我们养成揣度对方心理的好习惯吧。

要让对方看到你积极的态度

05 处理投诉时要起到纽带与桥梁的作用

在处理投诉时，要注意缓解由此带来的压力，正确认识自己应该发挥什么样的作用。

　　跟愤怒打交道是一项十分费神的工作。在处理客户投诉时，有人会因为受到客户的批评而垂头丧气，也有人因为客户的言语刻薄而怒火中烧。要缓解处理投诉这项工作带来的压力，改变自己的思维不失为一种有效的手段。处理投诉应该属于"客户与企业之间的交涉"，如果将这项工作看作"客户与我之间的问题"，就会觉得压力倍增。如果一心只想着

不要对客户的投诉反应过度

如果想把所有问题都一力承担下来，负担就会相当沉重

146

"无论如何也要让顾客满意"，就会对顾客的投诉反应过度，同时也会因无法令对方心满意足而变得焦虑不安起来。处理顾客投诉的时候不应将其当作个人的事情，把整个过程一力承担下来，而应该将自己视为顾客与企业之间的桥梁与纽带，你的任务只不过是与顾客进行沟通罢了。你要明白，顾客只不过是想通过负责处理投诉的人将自己的怒火传达给企业，而并非是针对负责人。企业方面不会让生产或销售负责人直接出面处理顾客的投诉，因为这样做的效率非常低，所以一般都会设置一个处理投诉的机构，而这个机构的负责人只需担起桥梁或纽带的作用即可。自己只不过是顾客与企业之间的纽带，认清这一事实以后，就不会再因为客户的投诉而反应过度了。

要认识到自己只是信息的传递者

06

锻炼过滤负面情绪的能力

当感受到对方的言行带来的压力时，一定要学会避实就虚。

没有必要因为对方的怒气而惹得自己心烦意乱。没有必要跟言行举止不合常理的人斤斤计较，更没有必要跟充满敌意的人针锋相对，因为这样做的同时也会给自己带来很大的精神压力。比如要是总有人说你不行，每次听到这种武断的负面评价，就让你气不打一处来。如果每天都跟这样的人打交道，心情肯定会十分郁闷，而你焦虑的心情也会反过

当断则断

来影响你的同事及家人。如果你已经提醒对方注意，对方却依然我行我素，我建议你可以试着增强自己过滤负面情绪的能力。让自己沉溺于负面情绪当中无法自拔，只会浪费时间，而不会有任何好处。只有意识到这一点，才能让自己从恶性循环中脱出身来。具体做法就是可以幻想一些与对方有关的事情，例如"这个人肯定是因为家庭关系不睦，才会说出这些令人生厌的话"。你所幻想的事情即便不着边际也无所谓，例如"这个人一定是想去洗手间，所以才会这么焦躁"等。越是可笑的事情就越能令自己轻松下来。

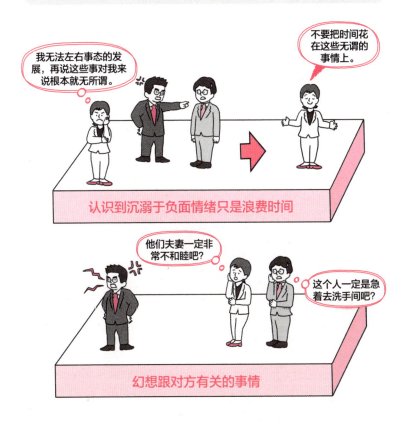

07

阐明真相

对方可能会因不明真相而产生误会，要在尊重对方的基础上阐明事实真相。

有些人喜欢在弄清楚事实真相之前就气势汹汹、乱发脾气。例如，有位顾客大吼着："不是所有企业都打折吗？"要求打折，但其实事实是只有一家企业在进行打折活动。"所有的""一般情况下"，很多喜欢误解他人之人的脑子里都充斥着这样的字眼。我们千万不要被对方的气势吓倒而忘了确认事实真相。"您是想要在购买商品时享受折扣吧。目前打折

有些人喜欢主观臆断

所有公司都在打折。

只有B公司为了提升竞争力在打折，而我们公司则比他们更加注重服务质量。

给我打个折吧

您说的事情我们会考虑的

❶不要被对方的主观臆断所迷惑，要说出自己的观点

❷先安抚对方的情绪

的只有B公司一家而已，恐怕我们暂时没办法满足您的要求，还请您见谅。虽说没有折扣，但我们的售后服务一定会令您满意。"可以像这样，一边安抚对方的情绪，一边想办法冷静应对。另外，在日常会话中，也总有一些人喜欢妄下断论。例如他们常喜欢说职业女性："她的丈夫和孩子可真可怜！"对并没见到的事物妄加评论，这只能是主观臆断。如果对方经常这样说，而你又打算反驳的话，最好事先确定反驳的原则。比如可以这样说："这是我们家人一起做的决定，听您这样说真让人感到有点不知所措。"

要跟偏激的观点划清界限

08

不要试图控制对方的情绪

有些人会对其他人的焦躁很敏感，他们即便只是听到别人的怒吼也会觉得不快。其实只需将注意力集中到自己可控的事情上即可。

　　有些人不会主动发脾气，但其情绪却很容易受到身边发怒的人影响。比如看到上司在电话里跟合作伙伴怒吼，或是其他同事跟上司发生口角时，就会觉得十分烦躁。这是因为情绪具有传染的特性。"经理真是太过分了……"诸如此类的同事间的牢骚也会让人产生躁动不安的情绪。遇到这种情况时，首先要考虑自己是否有能力控制事态的发展。例如，当听到上司的怒吼声就会产生焦躁情绪，但这时候你是没有办法劝

他人的情绪也会传染给自己

阻的。其实当你在衡量自己是否有能力控制事态发展时，你的焦躁情绪并不会消失。这时最聪明的做法就是承认自己无力控制事情的发展，将注意力转移到自己力所能及的事情上，比如当听到上司的怒吼声时可以离开自己的座位，暂避一时。当同事跟你发牢骚时，你大可以通过转移话题的方式来转移自己的注意力，这些都是你力所能及的事情。如果实在不忍心打断对方的话题，就要有意识地将自己的情绪与对方的情绪隔离开来。既然对方的情绪是自己无法掌控的，不妨将注意力转移到自己能够掌控的事情上，如此一来，焦躁情绪自然就消失了。

要对形势加以判断，看自己是否有能力控制事态的发展

价值观差异=文化差异

　　我们总是提醒自己不要发火，却又难免会遇到跟自己的价值观有悖的人或事。一旦遇到这种情况千万不要惊慌失措，而要在尊重对方的基础上阐明自己的观点。但有些人的价值观出现了扭曲，却还自以为是，遇到这样的人，恐怕任谁都难以保持冷静。有些人明显超出了我们的"容许区间"，这种人我们见了就会敬而远之，例如"言语格外粗俗、性情格外暴躁之人""言行举止过激之人"，等等。

　　有些人虽然说话不太讲究，人却是正派之人。遇到这样的人，我们就不必纠结于他的措辞如何，只需将他当作一名

外国人即可。面对一个价值观完全不同的人，你却当他是说着同样语言、骨子里是相同文化底蕴的同胞，到头来一定会让你大失所望的。其实即便是脚踏同一片国土、在相同人文环境的滋养下成长起来的人，在遣词造句方面存在一定的差异也是无可厚非的。因此将对方当成是外国人看待，价值观方面存在差异自然就不是那么难以接受了。给对方应有的尊重，沟通自然就会顺畅起来。

　　面对异性，我们也可以用这种方法与其进行沟通。面对难缠的对手，我们也可以用跟外国人打交道的思维与其进行沟通。"原来外国人的想法是这样的啊！"抱着这样的态度，对方的观点就变得比较容易让人接受了。

正视并整理自己的情绪

　　当对方发火时，不要只顾着与对方较劲儿，越是在这种时候，就越需要对自己的价值观有一个清醒的认识，越需要理顺自己的思维。人在发火的时候往往喜欢将过错归咎于他人，但实际上人们发火的原因并不在于对方，而在于自身。

　　其中"一触即发式思维"就非常具有代表性。过去的痛苦经历郁积在心头，不经意间就会迸发出巨大的能量。这其中最大的问题就是，根本没有人意识到自己发火的原因其实就在于我们自身。在旁人看来，或许会认为根本没有必要为一点小事大发雷霆。但旁人的劝告只会让当事人变得更加怒不可遏。

过往的教训　　　　怎么搞砸的？

　　如果你的愤怒让你感觉不自在，可以试着重新审视自己的过往。回忆过去令人不愉快的事可能会令人怒火中烧，所以我们最好还是放松自己的心情，在宽容的心境下回忆。如果想起什么令自己不愉快的事，试着直面当时的心情。"一触即发式思维"之所以会勾起人的怒火，就是人们不愿想起那些令人痛苦的过往，而试图以愤怒将其封印起来的缘故。当人们意识到过去痛苦的经历不会再次重演的时候，郁积的怒火自然也就烟消云散了。

　　如果你的愤怒让你感觉不自在的话，也可以试着以他人的角度去审视自己的价值观。"我觉得这件事应该是这样的，你认为呢？"可以像这样，询问朋友及家人对自己核心信念有何看法。听取他人意见之后，你一定会对自己的价值观有新的认识。

如何在不同场景下表达
自己的情绪？

让我们模拟一下
实际场景吧

下面让我们站在实践的角度，讨论一下各种场合该如何表达自己的情绪吧。我们也可以借这个机会检验一下自己是否已经掌握了第7章的内容。本章的重点在于如何"以冷静的态度"向对方传达"自己的真情实感"。

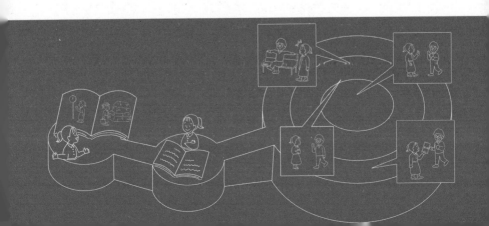

01

当信任的人做了让自己难堪的事时

当我们感到难过时，如果能将情绪和原因一起告知对方，对方就很容易理解我们的心情了。

我们非常容易对自己信任的人发脾气。因为在我们总是认为"这个人肯定会将事情处理妥当的""他为我做点事也是理所当然的"，所以一旦出现什么意想不到的事情，我们就会大发雷霆。如果长期合作的搭档对自己表露出蔑视的情绪，我们就会觉得很难过，同样，如果对方辜负

悲伤的情绪也会演化成愤怒

怎么这么说话

为什么做出那样的事！够了！

枉我那么信任他……

过于情绪化的语言会引起对方的不快

难过的心情没有表达出来，表达出来的只有愤怒

了我们的期望，我们也会出现负面情绪。愤怒就是从这些负面情绪中发展而来的。当我们出现悲愤情绪时，一定要将自己因为什么而感到难过告诉对方。如果放任自己的愤怒情绪，怒吼"为什么要做出那样的事"，非但无法表达出自己难过的情绪，还会使对方十分不快。对方会想："我也没做什么错事呀，为什么他会发这么大的火呢？"当信任的人说出让我们难堪的话时，我们可以回以："我觉得咱们平时关系还不错，你这么说话简直太让人伤心了。"当对方背弃约定时，我们可以这样说："我非常信任你，但现在我很难过，对以后的合作也感到有些不安。"将对对方的信任及自己难过的心情告诉对方，相信对方一定会感同身受的。

要说出感到难过的原因

本来以为咱们的关系不错

你说出这样的话可真让人伤心

当对方说出令人不快的话时

我那么信任你，你居然不遵守约定，真让人难过

今后还能愉快地合作吗？真让人担心啊

当对方背弃约定时

02 当自己的成果得不到他人的认可时

当自己的努力没有得到应有的回报时，千万不要发火，而要把自己懊恼的情绪表达出来，这样一来，事情或许会出现转机。

付出却没有回报的话，付出的越多，懊恼肯定也会随之成倍增长。"只要被认同，再多的付出都是值得的。""为什么别人的努力有了回报，而我的付出却不被认可呢？""我付出了这么多却没人在乎，那些评审人员真是有眼无珠！"就像这样，懊恼往往会转化成愤怒。自己的怒火被点燃后，往往会有一些贬低对方或争强好胜的言论，这样一来无异于自贬身价。我们可以充分利用懊恼的反作用力，让自己焕发活力，但有时事

懊恼的情绪会转化成攻击性行为

就这种水平，我也能做到

心有不甘的自言自语

×对取得成就的人的态度

啊？他为什么会说出这种话呢

你根本就没有认真评审

简直糟透了！

攻击性好强……

×对评审人员的态度

情往往无法尽如人意。这时无须牵扯旁人，只需如实道出自己的懊恼便可。不要发表嫉妒他人的言论，只要说出"我也很努力，没能得到认可，我觉得非常懊恼"就已经足够了。如此一来，自己的努力非常有可能得到对方的认可。对于不肯给予自己正面评价的人，千万不要表现出不满情绪，只需心平气和地道出自己的心声："我觉得自己是做出了一定的成绩的，没能得到好的评价我很灰心，也让我感到很迷茫。"

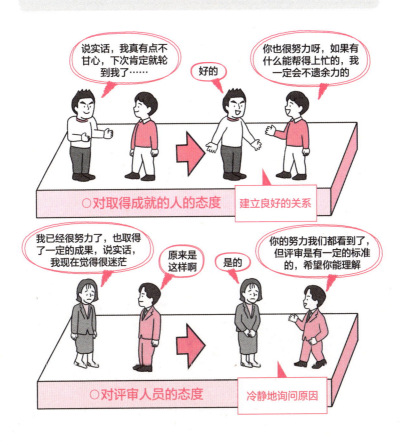

第8章　如何在不同场景下表达自己的情绪？

03

当对方说出有损自己人格的话时

面对对方的攻击性言行，不要选择沉默，要以冷静、率直的态度去与对方进行沟通。

在易怒人群当中，有些人为了掩盖自己的缺点，会在不经意间发表一些攻击性言论或出现一些攻击性行为。这类人通常会以强势的方式来强迫对方接受自己的价值观，所以有时会说出一些有损对方人格的话。他们不想就事论事，而是以贬低对方的手段来压制对方："你在这方面真的不行。"任谁突然听到这番话，肯定都会觉得不知所措，继之而来的则

对方突如其来的言语让自己感到困惑

你在这方面真的不行

为什么他一定要说这种伤人的话不可呢？

对方说了一些令人意想不到的话，这让人困惑不已

困惑

这到底是怎么回事？

怎么说话呢？注意你的语气！

人有回避危险的本能，所以才会发火

发火

是困惑和愤怒，甚至被气得哑口无言。这时我们如果发火的话，肯定会引发一场争吵，但如果默不作声的话，换来的又是对方的得寸进尺。当对方进行人身攻击时，我们要以冷静的态度道出自己的不快："突然听到这些话，我真不知该说什么才好。"这无异于给了对方一记当头棒喝，使其意识到通过压制别人将自己的价值观强加于人的做法是行不通的。不要让对方的情绪扰乱了自己的思绪，一定要记住，交流要以互相尊重为基础。

遇到难以处理的情况一定要保持冷静

当事情进展得不顺利而对方却又全然不知情时

有时对对方的不信任是由我们自身的不安情绪转化而来的。如果感到不安，最好是开诚布公地讲出来。

事情进展不顺利时很容易让人感受到压力。比如当整理工作资料时屡次返工，或是当重要的项目进展不顺利时，我们就会总觉得心绪不宁。这时如果得不到周围人的理解和宽慰，就非常容易发火。当诸如"上司应该理解下属""当别人有困难时应当伸出援手"等核心信念遭到践踏，不安情绪高涨之时，人就非常容易发怒。如果仅仅因为对方没有觉

对方不了解自己的处境时也会产生压力

这个需要重做，明天能做好吧？

真不知道到底哪里有问题

这个项目似乎不错呀

完全没有自信，却说不出口……

不知所措会产生压力

缺乏自信也会产生压力

察到自己的不安情绪就大发雷霆，是无法争取到对方的帮助的，问题也无法解决。当周围的人无法觉察到自己的不安情绪时，我们也可以选择主动出击，主动向对方征求意见。当对方要求你重新整理资料时，你要先答应下来，待到具体操作之际再询问其具体哪条需要改进。在因接手重要项目而感到不安时，也可以主动找上司商量："日程安排方面我觉得好像有点紧张……"当我们意识到自己的怒火是从不安情绪当中衍生出来的时候，事情也许就会开始朝好的方向发展了。

采取主动的态度，情况就会有所改观

这份资料需要重新整理，明天能整理出来吧？

知道了

不过具体哪些地方需要改动我还不太清楚，您能告诉我吗？

询问详情

在不知该从何做起的情况下

这个项目似乎还不错，期待你有好的表现

谢谢

日程安排上我觉得有点紧张，按照之前的日程安排可以吗？

率直地道出自己的不安

在缺乏自信的情况下

05 训斥不服从安排的下属时

要说出原因及具体的做法，并给予其改正错误的机会，时间一长，对方非但不会反驳，反而会对你更加信任。

很多人不愿意训斥和批评他人，他们觉得"说多了会被人讨厌""说重了会被人误以为是职场暴力"，但也有人会放任自己的愤怒情绪："你为什么要这样做！"为了让训斥取得理想的效果，首先就要弄清楚通过训斥对方要达到什么样的目的。训斥对方的目的在于促进其能力的提升，督促其采取正确的行动。训斥绝不是为了将做错事的人逼上绝路，更不

训斥的目的是促进其能力的提升

是为了随心所欲地摆布对方。如果对方能够通过自己的判断做出正确的决定，公司的业务压力也会减轻不少。绝对不要在训斥对方时使用威胁的手段胁迫对方，更不要说出有损对方人格的话。要告诉对方被训斥的原因，并告知其应该如何去做，给予其纠正错误的机会。如此一来，对方就会在充分领会你的意图的基础上投入工作，并因此获得提升自己工作能力的机会。在这个过程中有两点需要注意，一是不要说过火的话，二是要耐心听对方解释。与下属建立起互相信任的关系，将有助于其能力的提升。

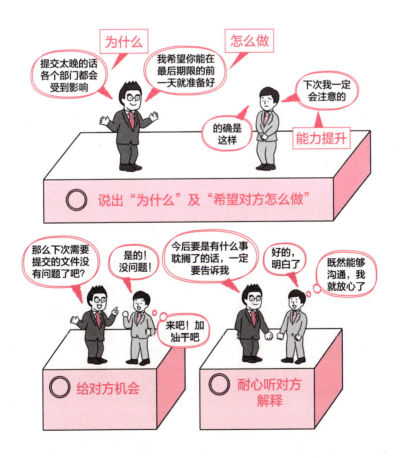

06 对方反客为主、率先发难时该如何应对

有时对方明明毫无道理，却仍然气势汹汹，强迫别人接受他的观点。遇到这种情况不要退缩，要坚持自己的观点。

在商务交涉中，经常会遇到双方都觉得自己的想法正确，并因此争得不可开交的情况。"不应该按照这样的日程安排来办""这件事早就定下来了，就应该这么办"如果遇到双方都自以为是，互不让步的情况，相信很快就会吵得不可开交了。但也绝不能因为对方发火就退缩，不说

绝对不能在对方的愤怒攻势下妥协让步

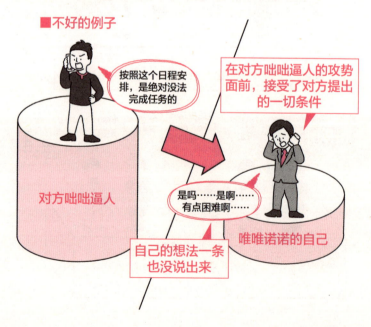

■不好的例子

按照这个日程安排，是绝对没法完成任务的

在对方咄咄逼人的攻势面前，接受了对方提出的一切条件

对方咄咄逼人

是吗……是啊……有点困难啊……

自己的想法一条也没说出来

唯唯诺诺的自己

出自己的观点。如果此时退缩的话，那么对方就会认为发火是一种有效的手段，从此以后就会更加肆无忌惮。为了避免这种情况，就一定不要退缩，坚持自己的观点。例如当对方说"按照这个日程的话，没法完成任务"，这时你可以先附和对方"的确不容易"，并趁机征询对方的意见，诸如某一阶段需要花费多长时间、在削减任务量的情况下是否有可能完成任务，等等。当对方的条件明确了以后，你再阐述自己的观点，像"一定要赶在上市日期之前完成"等绝对不能让步的情况，就坚决不能妥协。

毫不动摇地表达自己的想法

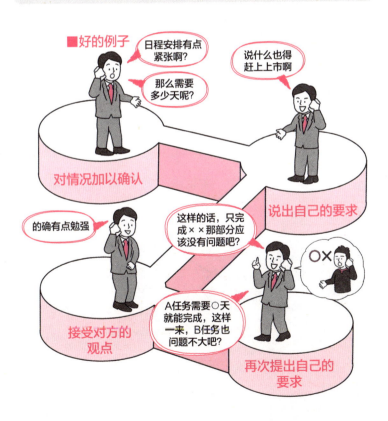

当对同事或朋友产生嫉妒心理时

羡慕别人的时候，就要多想想自己有什么长处，把精力放在自己该做的事上。

人类是一种喜欢拿自己跟别人比较的动物。尤其是在与自己水平相当的人取得成功时，自己仿佛就会变得更加卑微，同时也会艳羡他人："那家伙的运气怎么总是那么好。"这时要是说出一些诸如"我付出的努力绝对比你多""总是有人宠着你们，真好！"等贬低对方的话，就会让自己在其他人心目中的形象大打折扣。当发现自己产生嫉妒心理时，首先要试着从自我分析入手。要层层深入，当诸如"对方究竟哪里值得

产生嫉妒心理时应采取自我分析的策略

谢谢您

了不起！干得不错！

上司

同事

为什么会对对方产生嫉妒心理呢？

自我分析

我也很努力，为什么偏偏是那个家伙！

就是因为自己得不到，所以才会心生嫉妒吧

艳美""是否是因为那个人不是自己而懊恼不已""真的是因为自己能力不足吗"等问题一一得出答案后，自然也就知道应该如何自处了。假如你的能力与对方不相上下，那么你就可以以积极的态度去面对眼前的情况，因为下一次胜出的很可能就是你。如果你意识到自己能力不足，你也可以表现得很大度："○○能取得这样的成就，真让人羡慕啊。"然后再去发掘自己其他方面的优点，这样心情就会释然了。在与对方进行交流时，切记主语一定要是"自己"。不要责怪和贬低对方，一定站在自己的立场，突出"我自己想要如何""我自己作何感想"，相信如此一来，跟对方之间的关系一定会越来越融洽的。

思考问题的时候要以"自己"为主语

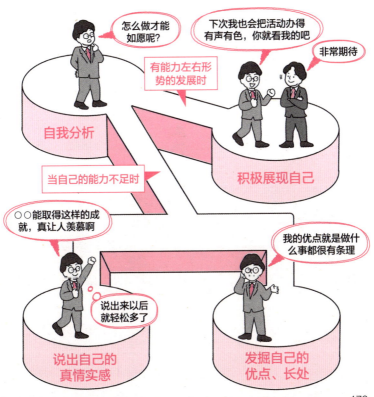

08 当期望落空之时

自己价值观发生扭曲的部分就是我们发火的根本原因。要正视自己的价值观，经常进行自我分析，在跟人交流时说出自己的真情实感。只要做到这几点，我们就会远离愤怒。

可以这样说，几乎所有的愤怒都是因期望落空而起。我们的核心信念，即希望他人怎样去做，就是期望的一种表现形式。"那个人是我的朋友，所以应该守约""我是干部，所以应该以身作则，做出一些成绩来"，当自己期望他人做到的事成为泡影时，怒火就会自胸中燃起。这种时候，我们可以回顾一下自己究竟是抱着怎样的期望，还有自己的期望落

正是自己的期望滋生了愤怒

空之后究竟是怎样的心境。究竟是悲伤还是失落？只有明白自己究竟是何心境之后，才有可能对自己的愤怒有一个正确的认识。如果认识到自己对他人期望过高的话，那么就要重新审视一下自己的价值观及思维方式了。更重要的一点就是，鼓起勇气，将自己的真情实感告诉对方。当然，在跟对方交流时万万不可忽视对方的情绪与感受。平时除了注意不要因一时冲动而大发雷霆之外，如果能在尊重对方的前提下正确表达出自己的情感，那么愤怒就不再是困扰我们的难题了。希望本书中记述的方法能够帮助各位读者摆脱愤怒情绪的困扰。

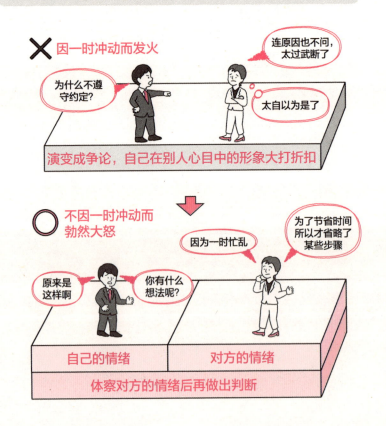

说出自己的想法，倾听对方的感受

✗ 因一时冲动而发火

为什么不遵守约定？

连原因也不问，太过武断了

太自以为是了

演变成争论，自己在别人心目中的形象大打折扣

○ 不因一时冲动而勃然大怒

原来是这样啊

你有什么想法呢？

因为一时忙乱

为了节省时间所以才省略了某些步骤

自己的情绪　　对方的情绪

体察对方的情绪后再做出判断